岩波現代文庫／学術275

志賀浩二・田中紀子[訳]

やわらかな思考を育てる数学問題集 1

岩波書店

MATHEMATICAL CIRCLES
Russian Experience
by Dmitri Fomin, Sergey Genkin, and Ilia Itenberg
Copyright © 1996 by the American Mathematical Society

First published 1996 by the American Mathematical Society,
Providence, Rhode Island.
This Japanese edition published 2012
by Iwanami Shoten, Publishers, Tokyo
by arrangement with the American Mathematical Society

岩波現代文庫版にあたって

　本書は 1996 年にアメリカ数学会から出版された
　　　　Mathematical Circles (Russian Experience)
の翻訳です．本書がロシアでどのようにして生まれてきたか，またどのような特徴をもっているかについては，内容の紹介とともにアメリカ版の序で詳しく書かれています．この岩波現代文庫版では原書を 3 分冊に分けることにしました．翻訳はできるだけ原書にしたがって忠実に行ないましたが，不適切と思われる問題も 2, 3 あってそれらには少し手を加えました．原書に載せられていた文献についてはそれらのほとんどがロシア語の本であり，現在では入手可能かどうかさえはっきりしないので，ここでは割愛しました．文献を引用してみなければ読めないような個所はありませんでした．

　第 8 章「最初の 1 年用の問題」に載せられている 113 の問題と第 17 章「2 年目用の問題」に載せられている 139 の問題は，ひとつひとつが非常に興味あるものですが，この解答は原書には載せられていません．第 14 章，第 16 章にも解やヒントのつけられていない問題があります(第 14 章の問 51-54, 60-63，第 16 章の問 14-16, 31-38, 48-51, 61-82)．これらの問題については，増田一男氏の協力を得て解答を作成し，本書に含めました．

さらに増田一男氏には校正刷を閲読していただき，本書の数学的内容について細かな点までご注意，ご助言をいただきました。また岩波書店の浜門麻美子さんには編集上のことでいろいろお世話になりました。ここに深く感謝の意を表わしたいと思います。

　　2012 年 10 月

志賀浩二・田中紀子

アメリカ版への序

　これは教科書ではありません。コンテスト用の問題集でもありませんし，もちろん学校の授業で用いられる問題集でもありません。また生徒さん向けの研究課題でもなければ，数学をひとりで勉強させようという意図でつくられたものでもありません。

　それではいったいこの本はどのような本なのでしょうか。この本は私たちから遠く離れた国の文化的環境の中でつくり出された注目すべき試みを示しているのです。というのは，現在のロシア共和国となる前のソヴィエト連邦で，生徒，先生，数学者たちがひとつになって数学サークルというグループをつくり，そこで新しい数学の教育活動をしていこうとする積極的な動きがありましたが，この本はそのグループの形成の核心におかれたものだったのです。このようなグループをつくろうとする考えは，数学の勉強が競争心にあおられることなくできるような環境をつくっていこうというところから生じました。そこではチームプレイのような熱心さが勉強を支えることになるでしょう。

　したがって，この本は数学的楽しみを与える本のようなものといえます。もっとも，ここで意図されたことは楽しみという言葉よりはもう少し真剣なものですが。この本を書い

たのは大学の数学者たちで，これらの数学者たちの，高校生のグループとの交流の経験がこの本を生むきっかけになったのです．この本では問題が，どんな生徒さんたちでも最初のいくつかはたやすく解ける，というように構成されています．そして，最初の段階の問題を解くときに使われたのと同じ原理で，後の方のかなり難しい問題でも解けるようになっています．その中間には，興味によって，あるいは能力によって異なるレベルに対する問題が用意されています．

以前のソヴィエト連邦，とくに当時のレニングラード(現在のサンクトペテルブルク)にあった数学サークルは，アメリカにあるいろいろな数学クラブとはかなり違っていました．それらのグループのほとんどは高校の先生たちによって運営されるのではなく，大学の先生あるいは学生によって運営されていました．彼らはこれを自分たちの仕事の一部と考え，若い生徒たちに数学を学ぶ楽しさを教えたのです．生徒たちは時には夜遅くまで，時には週末の小旅行や夏の合宿に参加し，アメリカでは体育系のチームにしか見られないような友情と助け合いの精神を養っていったのです．

現在では幸いなことに，ロシア人とアメリカ人が簡単に情報交換ができ，おたがいの文化を知ることができるようになってきました．数学教育の発達はロシアの文化の一面であり，そこには私たちが学ばなければならないことがたくさんあります．アメリカでは，時間，エネルギー，思考を高校生のために喜んで使おうという数学者はなかなかいません．

ですから，私たちはロシアの同僚たちから学ばねばなりません。この本はそうしたロシアの文化の中から芽生えたものをそのまま借りてできたものです。この本の中のある章，たとえば三角不等式の章などは，すぐにでも高校の場で取り入れることができ，通常の教科書の補助教材として使えます。グラフ理論などの章は，ふつう学校では教えませんが，これはカリキュラムの域をこえて数学の神髄を教えてくれます。また，ゲームの章などは，教科以外の場でも使えるようなテーマを豊富に与えてくれます。

　どの章でも，非常に単純な形での数学的な方法の例があげられています。ニムのゲームは小学校の3年生でも楽しんで遊び考えることが可能ですが，これは本質的にはチェス盤のうえで，ルーク1つだけで遊ぶゲームと同じことです。これは中学1年生には，問題を言いかえて与えることができ，また，高校生には同型写像への導入となります。鳩の巣箱の原理は，単純でありながら奥の深い数学の考えを示すものであり，数論や幾何の証明のときに道具として使えるものです。

　このようなものでありながら，全体のトーンは重くありません。組み合わせ論の章は母関数や数学的帰納法などを理解している必要はありません。グラフ理論の章も，数学で重要なこの分野に軽く触れるにとどめています。どのトピックでも，それに取り組むためにまず必要とされるものは柔軟な思考力であって，形式的な数学を単純に適用しようとする考え

は避けられるように配慮されています。しかしそれでいながら，問題に取り組んでいると深い注意力が自然とひきだされるようによく工夫されています。

　この質の高さこそ，以前のソヴィエト連邦の数学者たちが，最初の段階における数学の提示を高等な技術にまで高めたものの現われにほかなりません。数学での発展だけでなく，数学をどのように示すかということもロシアの数学者の仕事の一部となっているのです。このようにこの本は，英語圏では発達しないままになっている著作の一分野をなしているのです。

マーク・ソウル
ブロンクスビルスクール
ブロンクスビル，ニューヨーク

ロシア版への序

はじめに

　この本はもともと，以前のソヴィエト連邦で，学外の数学教育に携わる人々，たとえば数学の教育に携わっている学校の先生，大学の教授，数学のグループを運営している人たち，あるいは，数学的でありながらしかも楽しめるものを読みたいと思っていた人々のために書かれたものです。それにもちろん，生徒たちもこの本を個人的に読むことができます。

　この本を著わそうとしたもうひとつの理由は，60年以上にわたって，レニングラード(現在のサンクトペテルブルク)で行なわれてきた数学教育の伝統が果たした役割を記録しておくことが必要だと私たちが考えたことにあります。この私たちのまちは，ソヴィエト連邦での数学オリンピックの発祥の地でした(第1回の生徒向けの数学セミナーが1931-32年に開かれ，1934年には最初のレニングラードオリンピックが開かれたのです)。この分野の指導者の一人であった数学者は，いまでもなおお元気ですが，これまでその教育的な経験が興味をもつ読者のために本として著わされたことはありませんでした。

*　　*　　*

　この本にはさまざまな形の問題が納められていますが，方法論的にみれば似通ったものです。ここには数学の学外教育での最初の2年間のために，あらゆる基本的な話題が納められています。私たちの主な目的は，学外教育のための準備を提供している先生たち(あるいは子どもに標準的でない数学を教えることに熱心な人たち)のために簡単な問題集をつくることでした。私たちは生徒に数学的に大切な考え方を示し，かれらの興味をこれらの考えに引きつけたかったのです。

　準備する，そして授業を行なう，これらはそれだけで創造的過程です。したがって，私たちの書いていることに無条件に従うのは賢明なこととはいえません。しかし，この本を読んでいただければ，授業への材料を手にすることができます。この本は次のように使っていただきたいと思います。ある分野を教えるとき，この本のその章を読んで分析し，その後，授業の構成を考えるのです。もちろん，生徒のレベルによって，調整をする必要があるでしょう。

*　　*　　*

　次に，レニングラードでの数学の課外授業の伝統について，2つの大切な点を述べておきたいと思います。
　（1）　授業は，生徒と先生のあいだのいきいきとして自発

的なコミュニケーションを目指すものであり，そこでは，生徒ひとりひとりの個性は十分尊重して扱われます。

（2） この教育へのスタートはかなり早い時期，通常，6年生(11-12歳)，あるいはもう少し早い時期に始まります。

この本は中学生とその先生のためのガイドとして書かれました。もちろん生徒の年齢によって，授業のスタイルは変わります。そこで次のような提案をしておきます。

（A） ひとつの分野に関して，低学年の生徒たちに長い授業をするのはよくないと考えます。1回の授業の中でも内容を変化させた方が有効です。

（B） すでに終えた内容にふたたび触れることが必要です。この場合，数学オリンピック用やほかの競技用の問題を使うことができます(付録参照)。

（C） あることを問題にしているとき，もっとも基本的な目標のいくつかを強調し，事実と考え方を完全に理解（たんなる記憶でなく）させるようにしましょう。

（D） 授業では，解と証明のほかに，標準的でない問題や，ゲームのような活動を取り入れることを勧めます。娯楽的な問題や数学的ジョークを取り入れることも大切です。

ここで私たちは，レニングラードの数学サークルのいくつかの問題集を編集した人々のことをあげないわけにはいきま

せん。それらの本は，いままでは残念ながら，中学での数学教育に関心を抱く多くの人たちに届くことはありませんでした。

1990-91 年，この本の第 I 部のオリジナル版が，何人かの著者によって書かれた論文集として，ソヴィエト連邦教育学アカデミーから出版されました。それらの資料を私たちの本の準備にあたって使うことができたことを，次にあげる同僚たちに感謝したいと思います。デニス G. ベヌア，イーゴリ B. ジューコフ，オレク A. イヴァノフ，アレクセイ L. キリチェンコ，コンスタンチン P. コハス，ニキータ Yu. ネツヴェターエフ，アンナ G. フロロヴァ。

またイーゴリ・ルバノフには，心からの感謝を捧げます。氏が自身の本のために特に書いた帰納法についての論文は，「帰納法」という章に納めました。

アレクセイ・キリチェンコが，この本を書く初期の段階で大いに助けてくれたことを見過ごすわけにはいきません。また図を描いてくれたアンナ・ニコラエヴァにも感謝します。

この本の構成について

この本には，この序，2 つの主要な部，付録「数学競技」，「答え，ヒント，解き方」が納められています。

第 I 部（「最初の 1 年」）は第 0 章から始まりますが，ここには 10-11 歳ごろの生徒用に準備された問題が入っています。この章の問題は数学的内容を含んでいませんが，生徒の数学

的および論理的能力を目覚めさせることを目的としています。第I部はそのあと8章に分かれていますが，第7章までは特定の分野に向けられていて，最後の第8章(最初の1年用の問題)はさまざまなテーマの問題を寄せ集めたものとなっています。

第II部(「2年目」)は，9章から組み立てられています。章のいくつかは第I部のつづきですが(たとえば「グラフ(2)」，「組み合わせ(2)」)，ほかの章には1年目には少し複雑と思われる問題，「不変量」，「帰納法」，「不等式」などが納められています。

付録は，先のソヴィエト連邦でさかんに行なわれた数学競技のうち，主な5つについて書いてあります。これらは数学サークルの授業で使うこともできますし，別のサークル間やあるいは学校間での競技のために使うこともできます。

先生への提案が「先生たちへ」という項にあります。数は少ないのですが「方法論的な注意」という項には，問題を解くにあたってどういう方法を用いたらよいか，という提案が書かれています。これらは証明の基本的パターンや，問題を認識して区分する方法に，注意を向けるものです。

用語と記号について

（1） 高度の問題には星印(*)がついています。
（2） 問はだいたい，「答え，ヒント，解き方」で説明されています。その場合，解き方をすべて説明したもの

もありますが，ヒントや答えだけの場合もあります。問が計算だけの場合はだいたい答えだけが示されています。問題がひとつひとつの独立な解き方を求める場合には(とくに第8章と第17章)，解は示してありません[訳註：この日本語版では独自に解答を入れました]。

目　次

岩波現代文庫版にあたって
アメリカ版への序
ロシア版への序

第Ⅰ部　最初の1年

第0章　はじまり ……………………………………… 3

第1章　パリティ(偶奇性) ……………………………… 11
§1　交　互 …………………………………………… 12
§2　分　割 …………………………………………… 16
§3　奇数と偶数 ……………………………………… 19
§4　いろいろな問題 ………………………………… 21

第2章　組み合わせ(1) ………………………………… 25

第3章　整除と余り …………………………………… 45
§1　素数と合成数 …………………………………… 45
§2　余　り …………………………………………… 54
§3　追加問題 ………………………………………… 65
§4　ユークリッドの互除法 ………………………… 67

xvi 目　次

第4章　鳩の巣箱の原理 71
　§1　はじめに 71
　§2　もっと一般的な鳩 75
　§3　幾何における鳩 79
　§4　もうひとつの一般化 81
　§5　整数論 82

第5章　グラフ(1) 87
　§1　グラフとはなにか 87
　§2　頂点の次数——辺を数える 93
　§3　新しい定義 96
　§4　オイラーのグラフ 100

第6章　三角不等式 103
　§1　はじめに 103
　§2　三角不等式と幾何学的変換 106
　§3　補足図 110
　§4　いろいろな問題 111

第7章　ゲーム 113
　§1　軽いゲーム——ジョークのようなゲーム 114
　§2　対称性 117
　§3　勝つ位置 122
　§4　終盤からの分析
　　　——勝つ位置を見つける方法 125

第8章 最初の1年用の問題 ……………………… 131
§1 論理的問題 ……………………………………… 131
§2 具体例の構成と計量 ……………………………… 136
§3 幾何の問題 ……………………………………… 143
§4 整数の問題 ……………………………………… 146
§5 いろいろな問題 ………………………………… 152

答え，ヒント，解き方 ………………………………… 157

解説 先生，答え言わないで！の時間
……………… 佐藤雅彦 …… 257

xviii 目 次

［第2冊の目次］

第II部　2年目

第 9 章　帰 納 法
第 10 章　整除(2)——合同式とディオファントス方程式
第 11 章　組み合わせ(2)
第 12 章　不 変 量
第 13 章　グラフ(2)

［第3冊の目次］

第II部　2年目(つづき)

第 14 章　幾　何
第 15 章　基数システム(n進法)
第 16 章　不 等 式
第 17 章　2年目用の問題
付録　数学競技

イラスト　早川 司寿乃

第 I 部

最初の1年

第0章

はじまり

この章にはやさしい問題を25問集めました。問題を解くのに必要なのは常識とごく簡単な計算力だけです。ですから，ここにあげた問題を使って論理的に考える力も数学的な能力も見ることができます。またゲームとして遊ぶこともできます。

* * *

問1 コップの中にバクテリアを入れます。1秒後，バクテリアはそれぞれ2個に分裂し，2秒後には分裂したバクテリアがまたそれぞれ2個に分裂します。分裂がこのようにつづいていって，1分後にはコップがバクテリアで一杯になりました。バクテリアがコップの半分だったのはいつでしょうか。

問2 アンとジョンとアレックスがディズニーランドでバスに乗りました。バス代としてプラスティックのコインでそれぞれ5チップを支払わなければならないのですが，3人が

持っていたのは 10 チップ, 15 チップ, 20 チップのコインだけでした(ただし, 3 種のコインはたくさん持っていました). 3 人はどのようにバス代を支払ったのでしょうか.

問 3 ジャックはある本から連続したページを何枚か破りとりました. 破りとった部分の一番上のページは 183 ページで, 最後のページは最初のページと同じ数字が異なる順序で並んでいます. ジャックが破りとったのは全部で何ページでしょうか.

問 4 青虫が 75 センチメートルのポールをはい登っています. 地面から始めて 1 日に 5 センチメートル登るのですが, 夜には 4 センチメートルすべり落ちてしまいます. ポールの先端に最初にたどりつくのは何日目でしょうか.

問 5 くぎが 24 キログラム分, 袋に入っています. この中から, 2 つの皿のついた天秤を使って 9 キログラム分だけとりだすにはどうしたらよいでしょう.

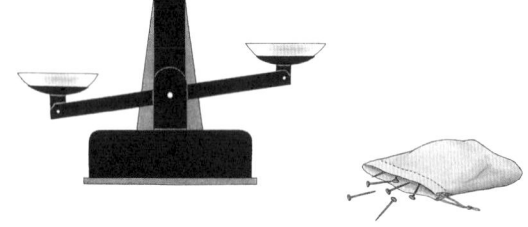

第 0 章　はじまり

問 6　ある年の 1 月には金曜日が 4 回，月曜日が 4 回あります。この年の 1 月 20 日は何曜日でしょう。

問 7　199×991 個のマス目でできている方眼紙に対角線を引くと，何個のマス目を横切ることになるでしょう。

問 8　12345123451234512345 という数から 10 個，数字をとりのぞき，残ってできた数が最大になるようにするにはどの数字をとればよいでしょうか。

　　　　　　　　＊　　　＊　　　＊

問 9　ピーターがいいました。「おととい，ぼくは 10 歳だったけど，来年には 13 歳になるんだよ。」こんなことは可能でしょうか。

問 10　ピートの猫は雨が降る前にはかならずクシャミをします。今日，その猫がクシャミをしました。「じゃあ，もうすぐ雨だな」とピートはいいます。ピートは正しいでしょうか。

問 11　先生が 1 枚の紙の上に円をいくつか描いて，「円はいくつありますか」と聞きました。ある生徒は「7 つ」と答えました。先生は「そうですね」といい，別の生徒にも「円はいくつあるでしょう」と聞きました。その生徒は「5 つです」と答え，今度も先生は「正解です」といいました。この紙には実際にはいくつ円が描かれているのでしょうか。

問 12　ある教授のお父さんのひとり息子が，その教授の息子のお父さんと話していますが，その教授はこの会話には加わっていません。こんなことは可能でしょうか。

問 13　3 匹の亀がまっすぐな道を同じ方向に向かってはいっています。「わたしのうしろに 2 匹の亀がいる」と 1 匹目の亀がいいます。2 匹目の亀は「ぼくのうしろには 1 匹いて，もう 1 匹は前にいる」といいます。3 匹目の亀は「わたしの前には 2 匹いて，もう 1 匹はうしろにいる」といいます。どうしてこんなことが可能なのでしょうか。

問 14　3 人の学者が汽車に乗っています。汽車は数分間かかってトンネルを通過しますが，そのあいだは真っ暗闇です。トンネルから出たとき，3 人とも同僚の顔が，窓から入り込んだススで黒くなっているのに気づき，大笑いしました。しかし突然，3 人の中でも一番頭のいい人が自分の顔も汚れているに違いないと気づきます。この人はどうしてこの結論にたどりついたのでしょうか。

問 15　コップに入っているミルクから大さじ 3 杯分のミルクをとりだして別のコップに入っている同じ分量の紅茶に加え，よくまざるようにかきまぜます。かきまぜたものから大さじ 3 杯分をとりだし，それをミルクのコップにもどします。さてこうしたあとで紅茶のコップの中のミルクの割合と，ミルクのコップの中の紅茶の割合とを比べたとき，大き

第 0 章　はじまり　　7

いのはどちらでしょうか。

＊　　＊　　＊

問 16　3×3 のマス目に 1 から 9 までの数を入れて魔方陣をつくりなさい。魔方陣というのは縦，横 3 つずつのマス目の中に数字をひとつずつ入れ，縦，横，斜めのそれぞれの数の合計をみな同じにするものです。

問 17　ある足し算の問題では数字がアルファベットにおきかえられています(同じアルファベットは同じ数字を表わし，異なるアルファベットは異なる数字を表わします)。その結果はこうなっています。LOVES+LIVE=THERE。何人の恋人たち(LOVES)がいる(THERE)でしょうか。THERE という言葉が表わす数が最大になる答えを求めてください。

問 18　ある国の政府の諜報部が，別の国の暗号で書かれたメッセージを手に入れました。それは BLASE+LBSA=BASES となっています。同じアルファベットは同じ数字を表わし，異なるアルファベットは異なる数字を表わす，ということはわかっています。2 台の巨大コンピュータにかけると，それぞれ異なる答えを出しました。2 台とも正しいのでしょうか，それとも片方のコンピュータは修理する必要があるのでしょうか。

問 19 1ドル札だけで127ドルあります。これを7つの札入れに分けて入れますが，1から127ドルまでの支払いをするときに，札入れを開けてお札をとりださなくても札入れをそのまま渡すことで支払いができるようにしたいと思います。どのように分けて入れればよいでしょうか。

*　　*　　*

問 20 右の図を4つに切りはなし，それぞれがもとの図の $\frac{1}{2}$ の相似形になるようにしなさい。

問 21 マッチ棒が図のように並べられています。マッチを2本動かして，辺の長さがマッチ棒の長さと等しい正方形が4つできるようにしなさい。

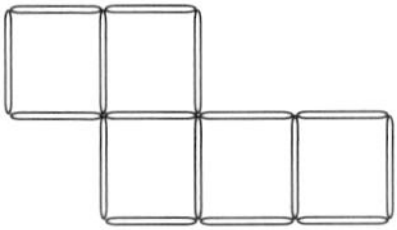

問 22 幅が4メートルの川があって，図のように直角に曲がっています。長さ3.9メートルの木材を2本使ってこの川に橋をかけることはできるでしょうか。

問 23 6本の鉛筆を，それぞれが互いに接し合うようにおくことができますか。

第 0 章　はじまり　　9

問 24　このページと同じ大きさの紙に，はさみを使って象が通れるような穴をあけなさい。

問 25　10 枚のコインが図のように並べられています。コインを何枚かとりさって，残ったどのコインも正三角形の頂点にならないようにするには，最低何枚のコインをとったらよいでしょう。

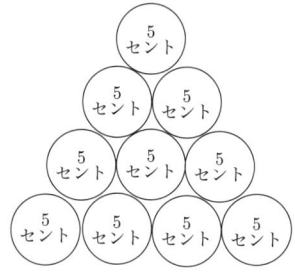

第1章

パリティ（偶奇性）

　この標題に掲げたパリティがはじめて聞く言葉で，なんのことだろうかと思う人も多いでしょう。パリティとは偶数と奇数のもつ性質をさします。偶数は偶数の特性をもち，奇数は奇数の特性をもっています。この概念は，その単純さにもかかわらず，さまざまな問題の解法に使われ，非常に難しい問題もふくむ多くの問題を解くのにとても有効なものとなっています。これからこの本の中ではパリティという言葉がときどき出てきますが，それはこの偶数，奇数の特性をとりだし，それに注目するときに用いられます。また「この数のパリティは」という問いかけに対しては「偶数」あるいは「奇数」と答えることになります。

　偶数，奇数のもつ単純性によって，パリティに関することは数学的な考え方にまだあまりなれていない生徒にも興味深い問題となるのです。

♠ 自然数の中で，偶数は $2, 4, 6, \cdots$，奇数は $1, 3, 5, \cdots$ です。一般的にいうと偶数は $2n$ $(n=1, 2, \cdots)$ と表わされる数であり，奇数は $2n-1$ $(n=1, 2, \cdots)$ と表わされる数です。偶数，奇数は整

12   第 1 章　パリティ(偶奇性)

数の中でも考えることができます。このとき偶数は …, −4, −2, 0, 2, 4, …, 奇数は …, −3, −1, 1, 3, … となります。(訳者による補足であることを♠をつけて示します。)

§1　交　互

問 1　11 個の歯車が平面上で図のようにつながっています。これらの歯車が同時に回ることはできるでしょうか。

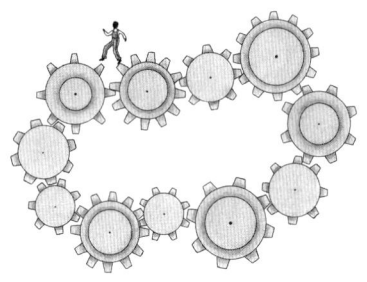

解き方　答えは「できない」です。1 番目の歯車が時計回りに動くとします。すると 2 番目の歯車は反時計回りに動くことになり，3 番目は時計回り，4 番目は反時計回り，とつづきます。つまり奇数番目の歯車は時計回りに動き，偶数番目の歯車は反時計回りに動くことになります。こうして，1 番目の歯車と 11 番目の歯車は同じ方向に動くわけですが，これは不可能です。

この解のキー・ポイントは，時計回りの歯車と反時計回りの歯車が交互におかれているという点にあります。以下の問題でも，この交互という考え方が基本となっています。

問2 チェス盤で，ナイトが盤面のa1の位置からスタートして何回か動いた後，もとの位置にもどってきたとします。ナイトが動いたのは偶数回であることを示しなさい。ナイトは1手で横2つ縦1つ，あるいは横1つ縦2つ，マス目を動くことができます。

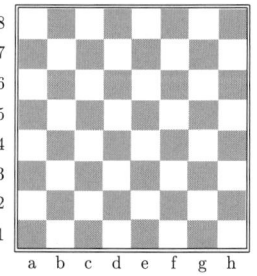

問3 ナイトをa1からh8へ動かすとして，その途中で残りのすべてのマス目を一度だけ通ることはできるでしょうか。

解き方 答えは「できない」です。どの手でもナイトは1つの色から別の色へとジャンプします。すべてのマス目を通るためには63回，動かなくてはなりません。つまり，最後の(奇数番目の)手では最初のマス目とは別の色のマス目に行かなくてはなりませんが，a1とh8は同じ色なのです。

この章には問3のように，ある状況が不可能であることを証明する問題が納められています。実際のところ，ある状況が可能かどうかと問われたとき，この章での答えはかなら

ず「不可能」となっています。このような問題は，数学的知識がほとんどない生徒にとってはいくぶん難しいことでしょう。生徒の示す最初の反応といえば，たぶん成り立たない条件をどこから見出してよいのかわからないことからくるいらだちか，あるいはその理由は何もわからないのに，これは不可能であるといいきってしまうかのどちらかでしょう。この章の後の方にある「奇数と偶数」の問題にも関連していることですが，この点を明確にする簡単な問をここで1つあげ

♠　この本にはチェス盤やチェスの駒に関する問題がたくさん出てきます。チェスになじみのない皆さんのために，ここで少しチェスの説明をしておきます。

チェスは盤と駒を使うところは将棋に似ていますが，違う点もたくさんあります。将棋の盤は9×9のマス目ですが，チェス盤は13ページに示されているように8×8で白と黒の格子模様になっています。盤面は，横はaからhまでのアルファベットで，縦は1から8までの数字で示されます。駒数は将棋では20×2=40ですが，チェスでは16×2=32です。将棋の駒は五角形をしていて，それに役割が書いてありますが，チェスの駒は王冠や馬の頭の形をしています。しかし将棋との最大の相違点は，将棋では取った相手の駒を自分の持ち駒として使えるのに対し，チェスでは取った相手の駒を使えず，したがって手が進むにつれ盤上の駒がだんだん減っていくということでしょう。

チェスの駒には6種類あります。キング(K)，クィーン(Q)，ビショップ(B)，ナイト(N)，ルーク(R)，それにポーン(P)で

§1 交　互　15

ておくことにします．

「合計して100になるような5つの奇数はあるでしょうか．」

解を聞けば，5つの奇数を見つけられないのは生徒の欠陥ではなく，5つの奇数という考えそのものが矛盾であることが生徒にもわかるでしょう．生徒たちの混乱は，不可能の証明とはどういうことか，また矛盾を導くことによって証明するということがどういうことかよくわからないことによって

す．図でその動き方を説明しますが，将棋の駒と同じ動き方をする駒があります．

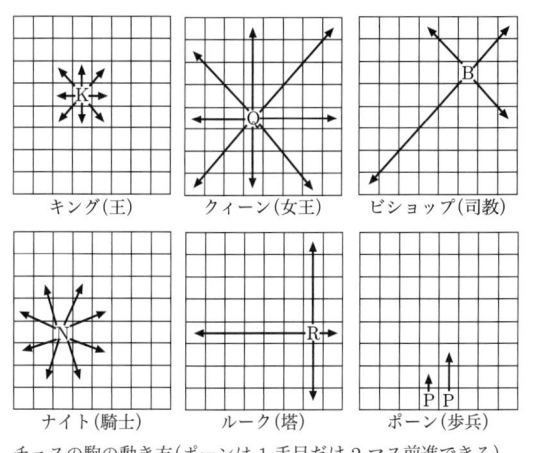

キング(王)　　クィーン(女王)　　ビショップ(司教)

ナイト(騎士)　　ルーク(塔)　　ポーン(歩兵)

チェスの駒の動き方(ポーンは1手目だけ2マス前進できる)

16   第1章　パリティ(偶奇性)

います。パリティに関連する問題は単純ですが，これらの考え方になれさせるには非常に効果的です。

問4　11本の線分をつないで閉じた道をつくります。1本の直線がこの11本のすべての線分と交わる(頂点を含まない)ということはあるでしょうか。

問5　カーチャと彼女の友だちが数人，輪になっています。全員，その両どなりに立っている子は性別が同じです。この輪の中に男の子が5人いるとすると，女の子は何人いることになるででしょうか。

ここで原則をもう1つ，追加しておきましょう。それがこの問題の解になります。つまり，ものが交互につながっている閉じた輪では，一方の種類のもの(男の子)ともう一方の種類のもの(女の子)の数は同じなのです。

§2　分　割

問6　9本の線分でできている閉じた道を描きます。それぞれの線分がほかの線分1本と交わるようにこの道を描けるでしょうか。

解き方　もしこのような閉じた道が描けるとしたら，線分はすべて交わる線分とのペアに分けることができるはずです。しかしその場合には9本という線分の数は偶数でなく

§2 分割　17

てはなりません。

問 7　5×5 のマス目模様のチェッカーの盤面を，1×2 のドミノの牌で覆ってしまうことができるでしょうか．

♠　問 7, 9, 10 はドミノ牌に関する問題です．チェスと同じように，ドミノもこの本ではよく使われますので，ここでドミノの説明をしておきます．ドミノ牌は 28 枚が 1 セットとなっています．牌は辺が 2×1 の長方形で，その面はサイコロを 2 つくっつけたように，2 つの正方形にそれぞれ 0 から 6 までを表わす点の印がついています(0 の場合は空白になっています)．印は 0·0, 0·1, …, 6·6 というように，0 から 6 までの数字の組み合わせがすべて描かれています．いろいろな遊び方がありますが，基本的には，牌を一列に並べていきます．その場合，前の人が出した牌のうしろの数字と同じ数字がついている牌をその牌にくっつけていき，早く牌のなくなった人が勝ちとなります．

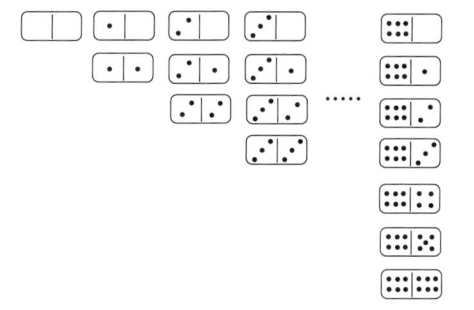

問 8　対称軸をもつ凸 101 角形があります。この対称軸は頂点の 1 つを通ることを証明しなさい。凸 10 角形ではどうでしょうか。

問 9　1 セットのドミノ牌 28 枚がすべて一列に(となり合う 2 つのドミノ牌の，接している方の印が同じになるように)並べられたとします。この列の最初の数字が 5 とすると，最後の数字はなんでしょう。

問 10　1 セットのドミノ牌から 0 を表わす(つまりなにも印のついていない)面をもつ牌をすべてとりのぞきます。残りの牌をすべて使って(ドミノとして)一列にすることができるでしょうか。

問 11　凸 13 角形をいくつかの平行四辺形に分けることはできるでしょうか。

問 12　25×25 のマス目のチェス盤に，1 本の対角線に対して位置がそれぞれ対称となるように 25 個の駒をおくとします。少なくとも 1 つの駒はその対角線上のマス目におかれることを示しなさい。

（解き方）　もし対角線上のマス目に 1 つも駒がないとすると，駒はすべて対角線をはさんで対称のペア(2 つの組)に分けられることになります。したがって駒が 25 個の場合，少なくとも 1 つ(実際には奇数個です)が対角線上のマス目におかれることになります。

この問題を考えるとき，対角線上のマス目におかれる駒が1つだけの場合のほかに，3つ以上の奇数個の可能性もあることを理解するのは難しいかもしれません。この問題に関して，ペアに分割する際に生ずる基本原理を次のように設定します。「奇数個の集合を用いてペアをつくるときは，少なくとも1つはペアにできないで残る。」

問13 問12で駒が2本の対角線に対称におかれたとします。この場合，1つの駒は盤中央のマス目にあることを示しなさい。

問14 15×15のマス目の表があり，マス目のすべてに1から15までの数字のどれかが書かれています。1本の対角線をはさんで対称の位置にあるマス目の数字は同じですが，どの行にもどの列にも同じ数字は書かれていません。この対角線に沿って並んでいる2つの数字のペアには同じ数字はないことを示しなさい。

§3 奇数と偶数

問15 25ルーブル札が1枚あります。これを1ルーブル，3ルーブル，5ルーブル札計10枚を全部使って両替することはできるでしょうか。

解き方 できません。これは簡単な原理に基づいています。つまり，奇数を偶数個足せば偶数になる，ということ

です。この事実を一般化すると次のようになります。数をいくつか足した場合のパリティは，奇数の足し算の回数による，ということです。もし奇数の足し算を奇数回すれば，合計は奇数になり，偶数回すれば合計は偶数になるのです。

問 16 ピートは 96 枚綴じのノートを買い，1 から 192 までのページ番号をつけました。ビクターがそのノートから 25 枚分を破りとって，そこにつけられていた 50 個のページ番号全部を足してみました。これらの数字を全部足して 1990 になることはあるでしょうか。

問 17 22 個の整数の積が 1 となっています。これらの整数の和は決して 0 にはならないことを示しなさい。

問 18 最初の素数 2 から始めて 36 番目までの素数を用いて 6×6 の魔方陣がつくれるでしょうか。すなわち 6×6 のマス目のそれぞれに素数を 1 つずつおき，縦，横，斜めの数の和がすべて同じになるようにできるでしょうか。

問 19 1 から 10 までの数が一列に並んでいます。数のあいだに + か − をおいて，その総和が 0 になるようにできるでしょうか。

♣ 負の数にも奇数，偶数の区別があることに注意しましょう。

問 20 バッタが 1 本の線に沿ってジャンプしています。1 回目は右に 1 センチメートルジャンプし，2 回目は左に 2

センチメートルというように，1センチメートルずつ増やしながら左右どちらかにジャンプをします．1985回目のジャンプの後，このバッタはもとの位置にはもどれないことを示しなさい．

問 21　$1, 2, 3, \cdots, 1984, 1985$ という数字の列が黒板に書いてあります．この中から2つの数字を勝手に選んで消し，その2つの数字の大きい方から小さい方を引いた差を空いたところに書き込みます．これを何度か繰り返すと，黒板には数字が1つ残ります．この残った数字を0にすることはできるでしょうか．

§4　いろいろな問題

ここには少し難しい問題を集めました．解にはパリティの概念を使いますが，もう少し別の考え方も必要となってきます．

問 22　8×8のチェス盤に1×2のドミノ牌を並べていきますが，a1とh8だけは空いているようにすることができるでしょうか．

問 23　17桁の数をとり，その数字を逆順に並べて新しい数をつくります．この数ともとの数を足すと，その和の数を表わす数字の中に少なくとも1つは偶数があることを示し

なさい。

問 24 兵隊が 100 人，キャンプに派遣されていて，毎夜，そのうちの 3 人が見張りに立ちます。ある期間がたつと，すべての兵隊がほかのすべての兵隊とちょうど一度だけ一緒に見張りに立ったということはおこりうるでしょうか。

問 25 線分 AB を延長した直線上に 45 個の点をとります。これらの点はすべて線分 AB の外側にあります。45 個の点から A までの距離を合計したものは，45 個の点から B までの距離を合計したものと同じではないことを示しなさい。

問 26 1 つの円周に沿って 9 つの数字がおいてあります。内訳は 1 が 4 つと 0 が 5 つです。これらの数字に次のような操作を行ないます。隣接するペアの数字が違えばそのあいだに 0 をおき，隣接するペアの数字が同じところにはそのあいだに 1 をおきます。この後，もとからあった数字を消し去ります。さて，これらの操作を何回か繰り返して，残る数字が全部同じ数字になることはあるでしょうか。

問 27 男子生徒と女子生徒がそれぞれ 25 人，丸いテーブルのまわりに座っています。少なくとも 1 人の生徒の両どなりは男の子であることを示しなさい。

問 28 かたつむりが 1 匹，平面上をいつも同じ速さでは

っていて，15分ごとに直角に曲がります．整数時間たった後だけ(すなわち何時間0分たった後だけ)，このかたつむりはもとの位置にもどれることを示しなさい．

問29 3匹のバッタが1本の線に沿って馬飛び遊びをしています．バッタは順番に別のバッタ1匹の上を飛び越しますが，2匹を同時に飛び越すことはできません．1991回の馬飛びがすんだ後，3匹のバッタはもとの並びにもどることができるでしょうか．

問30 コインが101個ありますが，そのうちの50個はにせ物で，本物のコインとは重さが1グラム違っています．ピーターは天秤を持っていて，その天秤で2つの皿にのせたものの重さの差をはかることができます．ピーターはコインを1個選び出して，それがにせ物かどうか天秤を1回だけ使って調べたいと思いますが，できるでしょうか．

問31 1から9までの数字を，適当な順序で一列に並べて1と2の間，2と3の間，…，8と9の間に奇数個の数を挿入するようにすることは可能でしょうか．

第 2 章

組み合わせ(1)

　A 地点から B 地点へ行くのに何通りの道順があるか，5 個のアルファベットを使ってどれだけの語がつくれるか，代表選手の選び方にはいく通りあるかなど，いろいろな場合にこれは何通りあるか，と考えることがあります。この章ではこのような問題を扱います。

　まず簡単な問題から始めましょう。

問 1　ある店では模様の異なるコーヒーカップが 5 種類，それにお皿が 3 種類売られています。カップとお皿を組み合わせて買うとしたら，買い方には何通りあるでしょう。

解き方　最初にカップを選びます。それにお皿を合わせるには，3 枚の中から 1 枚を選んで合わせることになります。つまり，カップ 1 個につき，3 つのセットができることになるのです。カップは 5 個ありますから，したがって 15 セットできることになります($15 = 5 \cdot 3$)。

♠ 問 1 の解き方の最後に

$$15 = 5 \cdot 3$$

と書いてありますが，これは
$$15 = 5 \times 3$$
のことです．掛け算を表わすのにこのように × の記号のかわりに · もよく使います．

問 2 この店にはまた形の違うティースプーンが 4 種類あります．カップ，お皿，ティースプーンのセットは何通りできるでしょう．

解き方 前問の答えである 15 セットを使って考えましょう．カップ，お皿，ティースプーンのセットを完成させるためには，15 セットに 4 種類のティースプーンを組み合わせればいいのですから，答えは 60 となります（60=15·4=5·3·4）．

問 3 不思議の国には A, B, C という 3 つの町があります．A から B には 6 本の道があり，B から C には 4 本の道が通っています．A から C に行くには，いく通りの行き方があるでしょうか．

答え 24=6·4

問 4 では新しい考え方を用います．

第 2 章　組み合わせ(1)　　27

問 4　不思議の国に D という町と新しい道が何本かつくられました。さて，A から C に行くには，いく通りの行き方があるでしょう。

解き方　2 つの場合が考えられます。つまり，道は B か D か，どちらかを通ります。どちらの場合も行き方を計算するのは難しくありません。B を通って A から C に行くなら 24 通りですし，D を通る場合は 6 通りです。この問の答えを出すためにはこの 2 つの数字を足せばよいのです。したがって 30 通りの行き方があることになります。

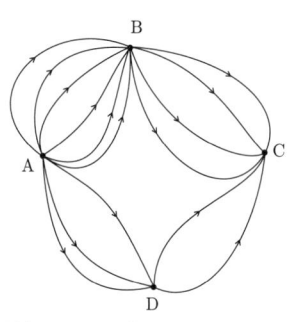

問題をいくつかの場合に分けて考えることは大変有効なやり方です。次の問題にもこのやり方が役に立ちます。

問 5　ある店では形の違うティーカップが 5 種類，お皿が 3 種類，ティースプーンが 4 種類売られています。この中から 2 つの品物をセットで買うとしたら，何通りのセットがあるでしょうか。

解き方　3 つの場合が考えられます。ティーカップとお皿，ティーカップとティースプーン，そしてお皿とティースプーンのセットです。これらのセットの組み合わせがいくつあるか計算するのは難しくありません。つまりそれぞれ 15, 20,

12通りです。これらを足すと答えが出ます。答えは47通りです。

先生たちへ これらの問題を考えるにあたって先生が目指すべきことは、セットの数を足す場合と、それらを掛け合わせる場合を生徒に理解させることです。もちろん、問題を数多くする必要があります(この章の最後にもいくつかありますが、自分でつくってもよいのです)。適当な問題のテーマとしては買い物、交通地図、ものの並べ方などがあります。

問 6 4桁の自然数の中ですべての桁の数が奇数であるようなものはいくつあるでしょう。

解き方 1桁目には5つの奇数が考えられます。その5つに対して、次の桁の5つの奇数を考えます。つまり 5·5=25 個の数字があることになります。同じく、3桁目では 5·5·5=125 となり、4桁目では 5·5·5·5=625 となります。

先生たちへ この問題では答えは m^n という形になります。ふつうこの種の答えは、与えられた m 個のものを n 個の場所におくという形をとります。

この種の問題で難しいのは、m と n の2つの数を区別することでしょう。生徒たちは基数 m と指数 n を混同してしまうことがよくあります。

似た問題をさらに4問あげておきます。

問 7 コインを3回投げます。表と裏が出る組み合わせは

何通りあるでしょうか。

答え 2^3

問 8 2×2 のマス目に，マス目ごとに白か黒の色をつけるとすると，色の塗り方には何通りあるでしょうか。

答え 2^4

問 9 あるサッカーのくじでは，13 試合の結果を予測しなくてはなりません。13 試合のそれぞれについて，戦った 2 チームのどちらが勝ったか，あるいは引き分けかを書くのですが，何通りの予想ができるでしょうか。

答え 3^{13}

問 10 ある国の言語にはアルファベットがたった 3 つだけで，それは A と B と C です。この言語のもつ言葉には，これら 3 つの文字を 4 文字まで組み合わせたものしかありません。いったいいくつの言葉があるのでしょう。

答え $3+3^2+3^3+3^4=120$

別の組み合わせ問題をもう少しつづけましょう。

問 11 11 人のメンバーがいるサッカーチームからキャプテンと副キャプテンを 1 名ずつ選ぶとすると，何通りの選び方があるでしょうか。

解き方 11 人のメンバーのだれもがキャプテンになれます。そして，残りの 10 人が全員副キャプテンに選ばれる可

能性があります。したがって 11×10=110 が答えです。

この問題が前の問題と違うところは，キャプテンの決定が副キャプテンの決定に影響するということです。キャプテンに選ばれた人は同時に副キャプテンになることはできません。つまり，キャプテンと副キャプテンはまったく独立して別々に選ぶわけにはいかないのです。

つづく 3 問は同じテーマの問題です。

問 12 6 色の布きれがあります，それらを細長く切り，異なる 3 色を横に縫い合わせて三色旗をつくろうと思います。何種類の旗ができるでしょうか。旗の上下は区別するものとします。

解き方 まず，一番下のストライプ（横縞）には 6 色の選択肢があります。次に真ん中を縫い合わせますが，この場合 5 色の選択肢しかありません。さらに一番上のストライプになると 4 色しか残っていません。したがって 6·5·4=120 通りの旗ができることになります。

問 13 チェス盤上で白と黒のルークを，それぞれ相手の利き筋以外の場所におくとすると何通りのおき方があるでしょう。（利き筋とは駒が自由に動けるマス目をいいます。）

♠ ルークは将棋の飛車と同じ動き方をします。つまり縦と横にはマス目をいくつでも自由に動けます。

解き方 白のルークをチェス盤の 64 個あるマス目のどこ

第 2 章 組み合わせ(1) 31

か 1 つにおきます。どこにおいても，利き筋は縦横のマス目の和 15 個(ルークのおかれているマス目も含めます)となります。黒のルークは 15 個のマス目以外，つまり残りの 49 個のマス目におくことになります。したがっておき方は 64・49=3136 通りとなります。

問 14 チェス盤上で白と黒のキングを，それぞれ相手の利き筋以外の場所におくとすると何通りのおき方があるでしょう。

♠ キングはどの方向にも 1 マス動かすことができます。将棋の王将と同じ動き方です。

解き方 白のキングをチェス盤の 64 個あるマス目のどこか 1 つにおきます。しかし，このキングの利き筋はおかれた場所によって違うので，次のような 3 つの場合を考えることになります。

(a) 白のキングを四隅におくと，利き筋は 4 マス(キングのおかれたマス目も含めます)となります。この場合，残りのマス目は 60 個となり，そのどれにも黒のキングをおくことができます。

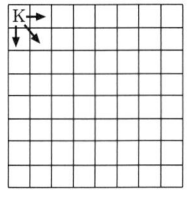

(b) 白のキングを四隅を除く端(このようなマス目は24個あります)におくと,利き筋は6マス(キングのおかれたマス目も含めます)となります。したがって残りの58個のマス目に黒のキングをおくことができます。

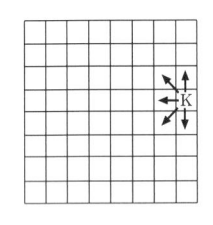

(c) 白のキングを端を除くマス目(36個あります)におくと,利き筋は9マス(キングのおかれたマス目も含めます)です。つまり,黒のキングには55個のマス目しか残らないことになります。

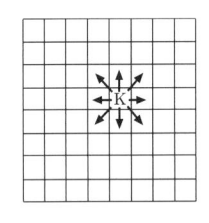

最後に3つの場合を集計すると $4\cdot60+24\cdot58+36\cdot55=3612$ となり,黒と白のキングを相手の利き筋以外の場所におくやり方は3612通りあることになります。

* * *

さて今度は,n個のものを一列に並べるやり方を計算してみましょう。このような並べ方は**順列**とよばれ,組み合わせ論や代数学で重要な役目を果たします。しかしそこへいく前にちょっと寄り道をしましょう。

nを自然数とすると,$n!$(nの**階乗**といいます)は$1\cdot2\cdot3\cdots\cdots n$という積を表わします。したがって $2!=2$, $3!=6$, $4!=24$,

5!=120 となります。計算の便宜と，整合性をもたせるために，0! は 1 と等しいとします。

♠ $n!$ は n が大きくなると急速に大きくなっていきます。たとえば

$$10! = 3628800$$

ですが，20! は 19 桁の数となり，100! は 158 桁の数となります。

方法論的な注意 順列を学ぶ前に，階乗の定義を知り，その機能を知る必要があります。次の練習問題が役に立つでしょう。

練習 1 階乗を用いて，次の式を簡単に表わしなさい。
(a) 10!·11
(b) $n!·(n+1)$

練習 2 (a) 100!/98! を計算しなさい。
(b) $n!/(n-1)!$ を簡単にしなさい。

♠ 練習 2 で 100!/98!, $n!/(n-1)!$ と書いてあるのは分数

$$\frac{100!}{98!}, \quad \frac{n!}{(n-1)!}$$

のことで，分数を表わすのに，この本では主にこの記法を使います。

練習 3 p を素数としたとき，$(p-1)!$ は p で割り切れないことを示しなさい。

それでは順列にもどりましょう。

問15 1, 2, 3 という数字を使って3桁の数はいくつつくれるでしょうか。同じ数字は使いません。

(解き方) 問12を解いたときと同じように考えてみましょう。まず最初の桁に3つの数字のうちのどれかをもってきます。2番目の桁は残りの2つの数字のうちの1つを使います。最後の桁には残った数字を使うことになります。したがって $3 \cdot 2 \cdot 1 = 3!$ 個の数字ができることになります。

問16 赤, 黒, 青, 緑の4つのボールを一列に並べるとすると, 何通りのやり方があるでしょうか。

(解き方) まず最初にどれでもよいから1つボールをおきます。2番目には残りの3つのうちのどれかをおきます。これをつづけると, 答えは(問15と同じように) $4 \cdot 3 \cdot 2 \cdot 1 = 4!$ となります。

n 個のものを一列に並べるには, $n \cdot (n-1) \cdot (n-2) \cdots 2 \cdot 1$ 通りの方法があることになります。これは次のようにいうことができます。

n 個の順列の数は $n!$ である。

考えるのに便利なように, 次のように約束事をしておきましょう。アルファベットをいくつか並べたものを「言葉」ということにします(辞書で見つからなくてもですよ)。たとえば, A, B, C という3つの文字を使うと ABC, ACB, BAC,

BCA, CAB, CBA という 6 つの言葉ができます。次の 5 つの問では，そこに示されている言葉の文字を入れ替えて，いくつ違う言葉ができるか計算してください。

問 17 "VECTOR"

解き方 この言葉では文字が全部異なりますから，答えは 6! となります。

問 18 "TRUST"

解き方 この言葉には T が 2 つあります。始めと終わりにある T を仮りに T_1, T_2 とします。このように仮定すると 5!=120 の言葉ができることになります。しかし実際は，T_1 と T_2 を入れ替えても，同じ言葉にしかなりません。したがって，120 の言葉の中には同じ言葉がペアとして 2 つ入っていることになり，答えは 120/2=60 です。

問 19 "CARAVAN"

解き方 この言葉にある 3 つの A をそれぞれ A_1, A_2, A_3 とすると，得られる言葉の数は 7! のはずです。しかし，A の文字を入れ替えても同じ言葉にしかなりません。3 つの文字 A_i は 3!=6 通りで入れ替え可能ですから，7! 個の言葉は 3! 個ずつの同じ言葉のグループに分けられます。したがって答えは 7!/3! です。

問 20 "CLOSENESS"

解き方 この言葉には S が 3 つと E が 2 つあります。仮

りにこれらを別の文字とすると，9!の言葉ができることになります。しかしまずEが2つあることを考えると，できる言葉は9!/2!にまで減っていきます。次にSが3つあることを考えると，結局得られる答えは9!/(2!·3!)となります。

問 21 "MATHEMATICAL"
答え 12!/(3!·2!·2!)

これらの問題は，非常に興味深くて重要なあるアイディアを示しています。つまり，知りたい個数を何倍かした数の方を最初に求める計算法です。このことは，あるものを数えるときに，その数の何倍かの方が求めやすい個数になっているときには，まずその個数を使って計算してみる方がやさしいときもあるということを示しています。

この方法を使う問題をさらに4問あげておきます。

問 22 ある国には20の都市があり，このどの2つの都市も航空路で結ばれています。航空路はいくつあるでしょうか。

解き方 航空路はどれも2つの都市を結んでいます。航空路の出発地として都市の中の1つを選んでAとすると，到着地Bとしては残りの19の都市から選ぶことになります。掛け算をすると，20·19=380となります。しかし，この計算はAB間のルートを二度含んでいます。つまりAがルートの出発地となったときとBが出発地になったときです。

したがって，ルートの数は 380/2=190 です。

同様の問題は第 5 章「グラフ (1)」でもとりあげますが，そこではグラフの辺の数を数えます。

問 23 n 角形にはいくつ対角線があるでしょうか。

解き方 どれでもよいから 1 つ頂点を選び，対角線の始点とします。そこから対角線をほかの頂点に向かって書くと，終点となる頂点の数は $n-3$（始点となった頂点とその両どなりの頂点を除いています）となります。すべての頂点についてこのように対角線の数を計算すると，同じ対角線を二度数えることになります。したがって答えは $n(n-3)/2$ となります。

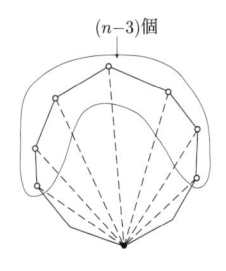

問 24 糸にビーズを何個か通して輪になったネックレスをつくろうと思います。それぞれ異なるビーズを 13 個，糸に通すとすれば，何種類のネックレスができるでしょうか。ネックレスを回転させてもかまいませんが，ひっくり返すことはできません。

解き方 まず，ネックレスを回転してはいけないと仮定してみましょう。そうすると，13! 種類のネックレスができることはあきらかです。しかし，1 つのネックレスとそれを回転させて得られる 12 種類のネックレスは同じものです。したがって答えは 13!/13＝12! です。

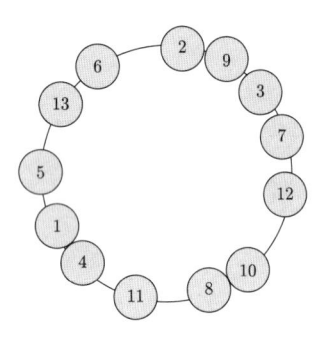

問 25 今度はネックレスをひっくり返してもよいとします。この場合はいくつのネックレスができるでしょうか。

解き方 ネックレスをひっくり返すことは，表と裏を同じものと考えるので，2 で割ることになります。

答え 12!/2

次の問題も組み合わせ論の重要なアイディアを示しています。

問 26 6 桁の数で，少なくとも 1 つ偶数の桁をもつ数はいくつあるでしょう。

解き方 少なくとも 1 つ偶数の桁をもつ数を数えるかわりに，この性質をもたない 6 桁の数を見つけましょう。6 桁の数字がすべて奇数の数は 5^6＝15625 あります(問 6 を見てく

ださい)。6桁の数は全部で900000個ありますから，少なくとも1つの偶数の桁をもつ数は900000−15625＝884375となります。

この問題の中心となる考え方は，補集合です。つまり，"要求されている"数を数える(考える)のではなく，"要求されていない"方の数を数えるのです。つづいていくつか，この方法で解く問題をあげておきます。

問 27 ある言語にはアルファベットが6つあり，単語はこれらの文字を6つ組み合わせてできています。これらの単語にはかならず同じ文字が少なくとも2つは使われています。この言語にはいくつ単語があるでしょうか。

答え $6^6 - 6!$

先生たちへ この章のそれぞれの節の問題を(あるいは組み合わせ論とは少し離れている問題なども)組み合わせて使うのは非常に有効です。前章でとりあげた問題も振り返ってみるよう勧めます。以下に生徒がひとりで考えるのに役立ち，宿題として出せるようないくつかの問題をあげておきます。

解いてみましょう

問 28 ある郵便局では5種類の封筒と4種類の切手を売っています。封筒と切手の組み合わせは何通りあるでしょうか。

問 29 "RINGER" という言葉の中から，母音と子音を 1 つずつとりだして組み合わせるとすると，何通りの組み合わせができるでしょうか．

問 30 名詞が 7 つ，動詞が 5 つ，形容詞が 2 つ，黒板に書かれています．それらの中から，それぞれ 1 つずつ選んで文章をつくるとすれば(文章の中身は考えないことにしましょう)，いくつの文章ができるでしょうか．

問 31 収集を始めたばかりの人が 2 人いて，それぞれ切手を 20 枚，絵ハガキを 10 枚ずつ持っています．切手は切手と，絵ハガキは絵ハガキとの交換が公平とされているのですが，この 2 人の間で公平な交換をするとすると，何通りの方法があるでしょうか．

問 32 6 桁の数のうち，各桁の数字がすべて偶数あるいは奇数となるのはいくつあるでしょうか．

問 33 6 通の急ぎの手紙を 3 人のメッセンジャーを使って届けようと思います．メッセンジャーが 1 通ずつ配達すると考えると，何通りのやり方があるでしょうか．

問 34 52 枚のトランプからスペード，クラブ，ダイヤ，ハートの種類が違い，数字もすべて違うトランプを 4 枚組み合わせるとすると，何通りの組み合わせがあるでしょうか．

第 2 章 組み合わせ(1)　41

問 35　本が 5 冊あります。それらのうちの何冊か，あるいは全部を棚に左から順に並べる場合，何通りの方法があるでしょうか。

問 36　チェス盤(8×8 の盤)にルークを 8 個，互いに利き筋にはないようにおくには，何通りのおき方があるでしょうか。

問 37　ダンスのクラスに N 人の女の子と N 人の男の子がいます。女の子と男の子をダンスのペアに組むには，何通りの方法があるでしょうか。

問 38　あるチェスのリーグ戦では，1 人のプレイヤーがほかのプレイヤー全員と一度だけプレイすることになっています。参加者が 18 人の場合，何ゲーム行なわれるでしょうか。

問 39　チェス盤上に
(a) ビショップを 2 つ
(b) ナイトを 2 つ
(c) クィーンを 2 つ

おくとき，それぞれの場合に，これらが互いに利き筋にあたらないようにおく方法は何通りあるでしょうか。

♠ ビショップは将棋の角にあたり，斜めにいくつでも動くことができます。ナイトは将棋の桂馬にあたりますが，桂馬と違い，2×1 あるいは 1×2 のマス目を前後にジャンプすることができ

ます．クィーンは将棋の飛車と角を合わせた動きをします．

問40 お母さんがりんごを2個，なしを3個，オレンジを4個持っています．9日間のあいだ毎朝，お母さんはこのうちのどれかを朝食時に息子にあげます．息子への出し方には何通りあるでしょうか．

問41 ある寮には1人部屋，2人部屋，4人部屋の3室があります．学生7人をこれらの部屋に住まわせるのに，何通りのやり方があるでしょうか．

問42 キング，クィーンを1つずつ，ルーク，ナイト，ビショップを2つずつチェス盤の1行目に並べるとすると，何通りの方法があるでしょうか．

問43 Aをちょうど5つ，Bをせいぜい3つまで使って単語をつくるとすると，いくつできるでしょうか．

問44 10桁の数で，少なくとも同じ数字を2つもつ数はいくつあるでしょうか．

問45[*] どの桁にも1をもたない7桁の数は，7桁の数全部の50%以上となるでしょうか．

問46 サイコロを3回投げます．あらゆる目の出方のうちで少なくとも1回は6の出る出方はいくつでしょうか．

問47 14人を7つのペアに分ける方法はいくつあるでし

ょうか。

問 48* 9桁の数のうち，桁の数字の和が偶数になるのはいくつあるでしょうか。

第3章

整除と余り

先生たちへ この章の問題は，ほかの章ほど楽しめるというものではありませんが，理論的で大事な問題がたくさん含まれています。教える場合は，ゲームの要素を取り入れるようにしてください。整数の素因数分解のような基本的な問題でも，「だれが一番早く，この大きな数を素因数分解できるでしょう」とか「この数の一番大きな素数の約数を見つけるのは，だれが一番早いでしょう」のように競技形式にもっていくことができます。この章のテーマの授業にはほかの章より入念な準備が必要です。整除は学校のカリキュラムに入っていますので，生徒が持っている知識を使うこともできます。

§1 素数と合成数

自然数は素数と合成数に分けることができます。ある数が，それより小さい2つの自然数の積と等しいなら，それは**合成数**です。たとえば $6=2\cdot3$ は合成数です。ある数が，それより小さい2つの自然数の積と等しくなくて，また1にも等しくないなら，それは**素数**とよばれます。1は素数でも合成数でもありません。

素数は'レンガ'のようなものです。素数を使って1より大きいすべての自然数をつくることができるのです。それにはどうすればよいのでしょうか。たとえば，420という数を考えてみましょう。これはあきらかに合成数で，たとえば42·10と表わすことができます。42と10も合成数で，42=6·7および10=2·5です。6=2·3ですから，420=42·10=6·7·2·5=2·2·3·5·7となります。これは420を完全に分解したものです(素数の積としての表わし方となっています)。

　1より大きい自然数なら，どんな数でも素数の積に分解することができます。できるだけ小さな数のペアになるように，どんどん因数に分解していくことをつづけていけばよいのです(もし，その数を積として表わすことができなければ，それは素数です)。

　もし420を別のやり方で因数に分解してみたらどうでしょう。たとえば420=15·28ということもできます。しかし，驚かれるかもしれませんが，最後は結局，同じ数で表わされるのです。(順序が違うだけの素数への分解は，同じとみなします。普通は素数を小さい順から並べます。)

　これはあきらかに見えても，証明するのは実は簡単ではありません。これは**算術の基本定理**とよばれています。つまり，1でないすべての自然数は，小さい素数から大きい素数の順に並べた素数の積として表わしておくと，ただ一通りに表わされるということです。このことを自然数の素因数分解といいますが，ここでは単に数の分解ということにします。

§1 素数と合成数

先生たちへ この節の内容はほぼ，この算術の基本定理に関連しています。生徒には，素数の積としての自然数の表わし方によって，整除の性質が決まるということを理解させなくてはなりません。次の練習問題が役に立つでしょう。

練習 1 $2^9 \cdot 3$ は 2 で割り切れるでしょうか。

答え できます。2 は与えられた数を分解したとき，因数の 1 つとなっています。

練習 2 $2^9 \cdot 3$ は 5 で割り切れるでしょうか。

答え できません。この数を分解しても，素数の 5 を含んでいません。

練習 3 $2^9 \cdot 3$ は 8 で割り切れるでしょうか。

答え できます。$8 = 2^3$ ですし，与えられた数の分解には 2 が 9 つありますから。

練習 4 $2^9 \cdot 3$ は 9 で割り切れるでしょうか。

答え できません。$9 = 3 \cdot 3$ ですが，与えられた数の分解には 3 が 1 つしかありませんから(図参照)。

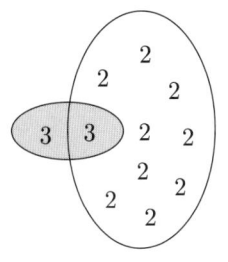

練習 5 $2^9 \cdot 3$ は 6 で割り切れるでしょうか。

答え できます。6=2·3で，与えられた数の分解には2と3という素数が含まれていますから(図参照)。

練習6 ある自然数が4でも3でも割り切れるとき，4·3=12でもかならず割り切れるというのは正しいでしょうか。

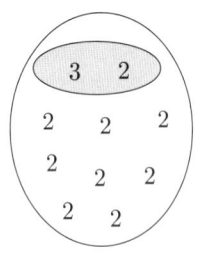

答え 正しい。4で割り切れる自然数の分解には少なくとも2が2つなければなりません。この自然数は3でも割り切れるのですから，少なくとも3も1つあることになります。したがってこの自然数は3·2·2=12で割り切れることになります。

練習7 ある自然数が4でも6でも割り切れるとき，4·6=24でもかならず割り切れるというのは正しいでしょうか。

答え いいえ。たとえばこのことが成り立たない例として12を見てみましょう。もしある数が4で割り切れるのなら，この分解は少なくとも2つの2を含んでいなくてはなりません。同じくこの数が6で割り切れるなら，その分解は2と3を含んでいることになります。したがって，この数の分解は2つの2と3を含んでいることがわかりますが，2が3つある必要はないのです。したがって12で割り切れるということだけしか結論できません。

§1 素数と合成数　49

練習 8　ある数 A は 3 で割り切れません。$2A$ は 3 で割り切れるでしょうか。

答え　いいえ。3 は A の分解の中にはないのですから，$2A$ の分解の中にもありません。

練習 9　ある数 A は偶数です。$3A$ は 6 で割り切れる，というのは正しいでしょうか。

答え　正しい。2 も 3 も $3A$ の分解の中に含まれています。

練習 10　ある数 $5A$ は 3 で割り切れます。A も 3 で割り切れるというのは正しいでしょうか。

答え　正しい。$5A$ の分解の中には 3 が含まれています。

練習 11　ある数 $15A$ は 6 で割り切れます。A も 6 で割り切れるというのは正しいでしょうか。

答え　いいえ。A は 2 かもしれません。というのは，6 を割る素数の 1 つである 3 も，15 の分解の 1 つとなっているからです。したがって A は偶数であるとしかいえません。

大事な定義

2 つの自然数が，1 より大きな共通の約数をもたないとき，それらは**互いに素**であるといいます。

例をあげましょう。2 つの異なる素数はもちろん互いに素です。また，1 はすべての自然数に対して互いに素です。

練習 6, 7 で使った方法を用いると，次の 2 つの事実を証

明することができます。

(a) ある自然数が，互いに素である2つの数 p と q で割り切れるとき，この自然数は2つの数の積 pq でも割り切れる。

(b) ある数 pA が q で割り切れるとき，p と q が互いに素であれば，A もまた q で割り切れる。

先生たちへ 生徒どうしに議論をさせ，いくつかの例題を解かせてみましょう。この節の終わりに，互いに素の数を使った問題をいくつかあげておきます。

もっと大事な2つの定義

2つの自然数の**最大公約数**というのは……さあ，考えてみましょう……それは2つの数を割り切ることのできる数の中で一番大きな自然数のことです。

2つの自然数の**最小公倍数**というのは……こんどはどうでしょう？ ……それは2つの数で割ることのできる数の中で一番小さな自然数のことです。

たとえば，18 と 24 の最大公約数は 6 です。18 と 24 の最小公倍数は 72 です。

§1 素数と合成数   51

これらの定義を使って，少し問題を解いてみましょう．

練習 12 2つの数 $A=2^3 \cdot 3^{10} \cdot 5 \cdot 7^2$ と $B=2^5 \cdot 3 \cdot 11$ の最大公約数を見つけなさい．

答え A と B の最大公約数は $24=2^3 \cdot 3$ です．これは2つの数の分解の共通部分(交わり)です．

練習 13 2つの数 $A=2^8 \cdot 5^3 \cdot 7$ と $B=2^5 \cdot 3 \cdot 5^7$ の最小公倍数を見つけなさい．

答え A と B の最小公倍数は $420000000=2^8 \cdot 3 \cdot 5^7 \cdot 7$ です．見てわかるように，これは2つの数の分解を(ベキの大きい方をとって)あわせたものです．

先生たちへ この節の問題は，実際の授業のためのシナリオの簡単なスケッチと考えてください．生徒に与える問題としては，もう少しこみいった問題をつくりたいと思われるかもしれません．先生の与える問題や定理に関して，生徒自身でいろいろ考えを働かせるようにしてください．

しかし，上に説明したアイディアを使った問題をもっと用意しておけば，生徒たちはこのテーマをよく学習できることでしょう．

つづいてそのような問題をいくつかあげておきます．この節で取り入れられた方法やアイディアは，この章の別の節や，別の章の問題を解くのにも使われています．

問 1 異なる2つの素数 p と q があります．次のそれぞれの数の約数の数はいくつでしょうか．

(a) pq　(b) p^2q　(c) p^2q^2　(d) p^nq^m

問2　連続した自然数が3つあります。その積は6で割り切れることを示しなさい。

［ヒント］　自然数が3つ連続しているのですから，その中には少なくとも1つは偶数があり，少なくとも1つは3で割り切れる数があります。

(解き方)　ある数が2と3で割り切れるのなら，その数は6でも割り切れます。上のヒントがそのまま答えにつながっています。

問3　連続した自然数が5つあります。その積は
(a) 30
(b) 120
で割り切れることを示しなさい。

問4　素数 p があります。
(a) p より小さく，p と互いに素である自然数
(b) p^2 より小さく，p と互いに素である自然数
の個数を求めなさい。

問5　$n!$ が990で割り切れる最小の自然数 n を求めなさい。

問6　100! を10進法で表わすと0はいくつあるでしょうか。

§1 素数と合成数　53

問7　ある数 n に対して，$n!$ を10進法で表わせば下5桁に0がちょうど5個あるということは可能でしょうか．

問8　もしある数が奇数個の約数をもっていたら，その数は完全平方(ある自然数の2乗)であることを示しなさい．

問9　トムは黒板に書いてある2桁の数2つを掛け合わせました．それからこの式の数字をすべてアルファベットに書きかえました(異なる数字は異なる文字になり，同じ数字は同じ文字になっています)．トムが書いた文字は AB·CD=EEFF です．トムはどこかで間違えていることを証明しなさい．

問10　各桁を表わす数に100個の0，100個の1，100個の2が現われているような数があります．この数はある自然数の2乗になるでしょうか．

　［ヒント］　この数は3で割り切れますが，9では割り切れません．

　解き方　各桁の数の和は $100(0+1+2)=300$ です．これは3では割り切れますが，9では割り切れません．このことは0, 1, 2 がどの桁にあってもいえることです．

♠ 問10 については第10章§2も参照してください．

　先生たちへ　最後の問の解に見られるアイディアに生徒の関心をもっていくようにしましょう．たとえば，200個の 0, 1, 2 の場合はどうか，300個になったらどうか，と質問することもできます．

問 11* a と b が $56a=65b$ という式をみたしています。$a+b$ は合成数であることを示しなさい。

問 12 次の 2 つの式に対する自然数の解をすべて求めなさい。

(a) $x^2-y^2=31$

(b) $x^2-y^2=303$

［ヒント］ $x^2-y^2=(x-y)(x+y)$

問 13 $x^3+x^2+x-3=0$ の整数解を求めなさい。

［ヒント］ 式の左右に 3 を足し，次に左辺を因数分解します。

問 14 2 つの自然数 a と b に対して最大公約数×最小公倍数=ab という式が成り立つことを示しなさい。

§2 余 り

あなたがある国にいて，そこでは何種類かのコインが使われているとしましょう。あなたは自動販売機で売っているガムを買いたくなりました。1 個 3 セントなのですが，あなたのポケットにあるのは 15 セントのコインだけで，あいにく 3 セントのコインを持っていません。運のいいことに，そばに両替機があり，3 セントコインにも両替してくれます。15 セントを入れれば，3 セントコイン 5 枚に替えてもらえま

す。しかし，もしあなたが20セントコイン1枚をもっているとしたらどうでしょうか。その場合は，3セントコインが6枚と，残りの2セントを受け取ることになります。これを式で表わすと 20=6·3+2 となります。これは 20 を 3 で割ると余りが 2 になるという割り算を表わしたものです。

この両替機はどのように働くのでしょうか。この機械は残りが3より小さくなるまで3セントコインを出しつづけます。残りが3より小さくなったところで，余りを出すのです。余りは0か1か2です。余りが0なのは，もとの数(入れたコインの価)が3で割り切れるときだけです。

このように考えると，m セントのコインに両替してくれる機械は，0から $m-1$ セントまでの間の数字の余りを出すことになります。つまり，この機械は m で割って余りをつけるという操作を表わしています。

それではもう少し正確な定義をしてみましょう。"自然数

N を m で割って余りを求める"というのは次のように書くことができます。$N = km + r$。ここで $0 \leq r < m$ です。N を m で割ったときの r を**余り**といいます。

それでは次の問題を考えてみましょう。ある人が両替機に 50 セントコインを 22 枚，10 セントコインを 44 枚入れました。それらを 3 セントコインに両替したとき，余りはどうなるでしょうか。

これは簡単です。$x = 22 \cdot 50 + 44 \cdot 10$ を 3 で割ったときの余りを見つければよいのです。ここで注意しなければならないことは，これらの積の計算をする必要はないということです。x を表わす式の中のそれぞれの数を 3 で割ったときの余りでおき直してみましょう。そうすると x は $1 \cdot 2 + 2 \cdot 1$ となります。これは 4 となり，これを 3 で割ると余りは 1 です。このとき最初の式で表わされている x の余りもまた 1 ということになります。その理由は次の事実がつねに成り立つからです。

　余りについての補助定理　3 で割るとき，どんな 2 つの自然数の和も，それぞれの数を 3 で割ったときの余りどうしを足したものと同じ余りをもつ。やはり 3 で割るとき，どんな 2 つの自然数の積も，それぞれの数を 3 で割ったときの余りどうしを掛けたものと同じ余りをもつ。

♠ ここで述べていることについては，第 10 章でもう少し詳しく述べられます。

方法論的な注意 この証明は難しいものではありませんが，初心者には専門用語だらけと映るかもしれません。

補助定理の後の部分を証明してみましょう。
$$N_1 = k_1 \cdot 3 + r_1$$
$$N_2 = k_2 \cdot 3 + r_2$$
とすると
$$\begin{aligned}N_1 N_2 &= (k_1 \cdot 3 + r_1)(k_2 \cdot 3 + r_2)\\ &= k_1 k_2 \cdot 3^2 + k_1 r_2 \cdot 3 + k_2 r_1 \cdot 3 + r_1 r_2\\ &= 3(3 k_1 k_2 + k_1 r_2 + k_2 r_1) + r_1 r_2\end{aligned}$$
このように，$N_1 N_2$ セントを両替すると，両替機は $3 k_1 k_2 + k_1 r_2 + k_2 r_1$ 個の 3 セントコインを出しますが，まだ $r_1 r_2$ セント残っています。したがって，$N_1 N_2$ セントを両替機に入れたときの余りは $r_1 r_2$ セントを入れたときの余りと等しいことになります。

「余りについての補助定理」では 3 をどんな自然数に替えてもかまいません。どの数でも，同じ証明が得られます。

先生たちへ この節では「余りについての補助定理」の一般化されたものが使われます。生徒に教えるときには，余りを計算するときにこのアイディアを用いることを教えておく必要があります。問 15 と同じような問題を解く場合は，この「余りについての補助定理」にもう一度注意を向けさせてください。

♣「余りについての補助定理」の証明にこれ以上立ち入ることは，この節では必要がないと思われますので，ここではしません。

問 15 次の式の余りを求めなさい。
(a) $1989 \cdot 1990 \cdot 1991 + 1992^3$ を 7 で割ったとき
(b) 9^{100} を 8 で割ったとき

次の問題は重要なアイディアを含んでいます。

問 16 n を自然数とするとき，n^3+2n は 3 で割り切れることを示しなさい。

解き方 n を 3 で割ると，余りは 0, 1, 2 のどれかになります。したがって 3 つの場合を考えます。

n の余りが 0 の場合は，n^3 も $2n$ も 3 で割り切れるのですから，n^3+2n も当然 3 で割り切れることになります。

n の余りが 1 の場合は，n^3 の余りは 1，$2n$ の余りは 2 で，1+2 は 3 で割り切れます。

n の余りが 2 の場合は，n^2 の余りは 1，n^3 の余りは 2，$2n$ の余りは 1 となります。2+1 は 3 で割り切れます。

このように場合ごとに分けて考えることによって，求めている証明を得ることができます。

先生たちへ 最後の解のキーとなるのは，自然数の余りを調べるために，場合ごとの考察をするというアイディアです。このことを生徒たちによく指摘しておくとよいでしょう。そして，このような考え方によって完全で正確な証明へと導かれることを理解させるよ

うにしましょう.

　場合, 場合に分けて考察することは, 計算以外のところでもよく行なわれます. ある問題を解くのに, 場合, 場合に分けて考えてみることが有効かどうかをどのように判断するかは, 大事なことです. つづく問題がこれを学ぶために役立つでしょう.

問 17　n を整数とするとき, n^5+4n は 5 で割り切れることを示しなさい.

問 18　n を整数とするとき, n^2+1 は 3 で割り切れないことを示しなさい.

問 19　n を整数とするとき, n^3+2 は 9 で割り切れないことを示しなさい.

問 20　n を奇数とするとき, n^3-n は 24 で割り切れることを示しなさい.

［ヒント］　与えられた数は 3 と 8 の倍数であることを示しましょう.

問 21　(a) p が 3 より大きな素数のとき, p^2-1 は 24 で割り切れることを示しなさい.

(b) p と q が 3 より大きな素数のとき, p^2-q^2 は 24 で割り切れることを示しなさい.

問 22　自然数 x, y, z が $x^2+y^2=z^2$ をみたしています. 3 つの数のうち, 少なくとも 1 つは 3 で割り切れることを示

しなさい。

問 23 a^2+b^2 が 21 で割り切れるような自然数 a,b があります。このとき実は a^2+b^2 は 441 でも割り切れることを示しなさい。

問 24 $a+b+c$ が 6 で割り切れるような自然数 a,b,c があります。このとき $a^3+b^3+c^3$ も 6 で割り切れることを示しなさい。

問 25 どれも 3 より大きい素数 p,q,r が $p=p$, $q=p+d$, $r=p+2d$ という等差数列をつくっています。d は 6 で割り切れることを示しなさい。

問 26 自然数 3 つをそれぞれ 2 乗します。それらの和から 7 を引くと,その結果は 8 で割り切れない数となることを示しなさい。

問 27 自然数 3 つをそれぞれ 2 乗した和が 9 で割り切れます。その差が 9 で割り切れるように,3 つの 2 乗した数のうちから 2 つを選ぶことができることを示しなさい。
［ヒント］ 2 つの数が 9 で割ったときに同じ余りをもつなら,その差も 9 で割り切れることになります。

＊　　＊　　＊

別の種類の問題をやってみましょう。

§2 余 り　61

問 28　1989^{1989} の最後の桁はなんでしょうか。

解き方　解くにあたっては，1989^{1989} の最後の桁は 9^{1989} の最後の桁と同じであることを覚えておきましょう。9を何回かベキ乗したときの答えの最後の桁は $9, 1, 9, 1, 9, \cdots$ とつづきます。

9のあるベキの最後の桁を出すには，その前のベキの最後の桁に9を掛ければよいのです。したがって，最後の桁に9が出るベキの次のベキでは，最後はかならず1になることがわかり ($9 \cdot 9 = 81$)，またその後のベキではかならず9になることがわかります ($1 \cdot 9 = 9$)。

つまり，9を奇数回ベキ乗すると，その最後の桁は9となるのです。したがって，1989^{1989} の最後の桁も9となります。

問 29　2^{50} の最後の桁はなんでしょうか。

解き方　2のベキ乗を何回かしたときの最後の桁を書き出してみましょう。すると $2, 4, 8, 6, 2, \cdots$ とつづきます。つまり 2^5 は 2^1 と同じで最後の桁が2となります。ある回数ベキ乗したときの最後の桁は，その前のベキ乗の最後の桁によって決まり，次のようにサイクルになっています。つまり，2^6 は 2^2 と同じく4であり，2^7 は 2^3 と同じく8，2^8 は 2^4 と同じく6，2^9 は 2^5 と同じく2となり，後もこのようにつづきます。サイクルは4でひと回りですから，2^{50} の最後の桁は50を4で割ったときの余りを計算すれば出ること

になります．余りは 2 ですから，2^{50} の最後の桁は 2^2 の最後の桁と同じであり，したがって答えは 4 です．

問 30 777^{777} の最後の桁はなんでしょう．

問 31 2^{100} を 3 で割ったとき，余りはいくつでしょうか．

［ヒント］ 2 のベキ乗を何回かしてみてそれぞれを 3 で割り，その余りを書いてみましょう．余りがサイクルになっていることに注意しましょう．

問 32 3^{1989} を 7 で割ったとき，余りはいくつでしょうか．

問 33 $2222^{5555}+5555^{2222}$ は 7 で割り切れることを示しなさい．

［ヒント］ この数を 7 で割ったときの余りが 0 になることを示します．

問 34 7^{7^7} の最後の桁の数はなんでしょうか．

問 16-27 では自然数 n を割ったときの余りを場合ごとに調べてみるという考え方を使いました．この n として何をとるかは問題から比較的簡単に見つけることができました．次の一連の問題では，n を推測するのはそう簡単ではありません．標準的な考え方のほかに，"推理を働かすテクニック"とでもいうべきものが必要となってきて，とても難しく

なっています。

先生たちへ 今いった推理力をつけるために，もっともよく使われる数(2, 3, 4, 5, 6, 7, 8, 9, 11, 13, …)で割った場合の余りの九九の表をつくるように提案します。また，これらの数で割ったとき，2乗や3乗として表わされる余りの数もすべて見つけることを試みておくとよいでしょう。

問35 (a) p, $p+10$, $p+14$ が素数のとき，p を見つけなさい。

(b) p, $2p+1$, $4p+1$ が素数のとき，p を見つけなさい。

[ヒント] 3で割ったときの余りに注目してみましょう。

問36 p, $8p^2+1$ がともに素数のとき，p を見つけなさい。

問37 p, p^2+2 がともに素数のとき，p^3+2 もまた素数であることを証明しなさい。

問38 $a^2-3b^2=8$ となるような自然数 a と b はないことを証明しなさい。

問39 (a) 2つの奇数の2乗の和が，完全平方(ある自然数の2乗)となることがあるでしょうか。

(b) 奇数の自然数3つを2乗したものの和が完全平方となることがあるでしょうか。

問40 5つの連続した自然数の2乗の和は完全平方とは

なりえないことを証明しなさい。

問41 $p, 4p^2+1, 6p^2+1$ が素数のとき，p を見つけなさい。

方法論的な注意 2乗に関する計算問題(問36-40)は，割る数を3あるいは4にとって，その余りを利用することによって解けることが多いのです。この場合のポイントは，3あるいは4で割ったとき，完全平方の余りは0か1にしかならないということです。

問42 $100\cdots00500\cdots001$(あいだにはそれぞれ100個の0が入ります)は，ある自然数の3乗とはなっていないことを示しなさい。

問43 自然数 a と b をとるとき，a^3+b^3+4 はある自然数の3乗ではないことを示しなさい。

問44* 自然数 n に対し，$6n^3+3$ はある自然数の6乗とはならないことを示しなさい。

方法論的な注意 整数の3乗の問題(問42-44)に関しては，割る数を7あるいは9にとって，その余りを調べてみるのがよい方法です。どちらの場合も可能な余りは3つしかありません。つまりそれぞれ $\{0,1,6\}$ と $\{0,1,8\}$ です。

問45* $x^2+y^2=z^2$ を満足する自然数 x, y, z があります。

xy は 12 で割り切れることを示しなさい。

先生たちへ この節で説明したテーマには，少なくとも 2 回の授業が必要です。最初の 1 回は余りの計算を，2 回目にはいろいろな問題を場合ごとの分析によってどのように解くかということをとりあげます。

§3 追加問題

この節には整除の問題が集められていますが，解決法に共通性があるわけではありません。しかし，前節で学んだアイディアや方法を使います。

問 46 (a) $a+1$ は 3 で割り切れます。$4+7a$ も 3 で割り切れることを示しなさい。

(b) $2+a$ も $35-b$ も 11 で割り切れることがわかっています。$a+b$ も 11 で割り切れることを示しなさい。

問 47 $1^2+2^2+\cdots+99^2$ の最後の桁の数字はなんでしょうか。

問 48 自然数が 7 つありますが，そのうちのどの 6 つをとっても，それらの和はかならず 5 で割り切れるとします。そのときこの 7 つの数字はどれもそれぞれが 5 で割り切れることを示しなさい。

問 49 $n>1$ のとき，連続した n 個の奇数の自然数の和は

合成数であることを示しなさい。

問 50　2 で割ったとき余りが 1，3 で割ったとき余りが 2，4 で割ったとき余りが 3，5 で割ったとき余りが 4，6 で割ったとき余りが 5 となる自然数のなかで最小の数を見つけなさい。

問 51　$(n-1)!+1$ が n で割り切れるとき，n は素数であることを示しなさい。

次の 2 つの問題では，もっとつっこんで考えます。

問 52[*]　$n+1, n+2, \cdots, n+1989$ がすべて合成数となる自然数 n があることを示しなさい。

(解き方)　どのようにして答えを見つけるか，説明しましょう。$n+1$ という数字は合成数でなければなりません。簡単にするために，この数が 2 で割り切れることにしましょう。$n+2$ も合成数ですが，そうするとこの数は 2 の倍数ではありえません。ふたたび簡単にするために，この数が 3 で割り切れるとしましょう。このようにして，$n+1$ が 2 で割り切れ，$n+2$ が 3 で割り切れ，$n+3$ が 4 で割り切れ，… という n を探します。これは $n-1$ が $2, 3, 4, \cdots, 1990$ で割り切れる，というのと同じことになります。このような数字を見つけるのは簡単です。たとえば 1990! です。したがって，1990!+1 が探していた数です。

問 53＊ 素数は無限にあることを証明しなさい。

解き方 素数が n 個しかないと仮定し，それらを $p_1, p_2, \cdots, p_n$ としましょう。すると $p_1 p_2 \cdots p_n + 1$ は素数 $p_1, p_2, \cdots, p_n$ では割り切れません。したがって，この自然数を素数の積として表わすことはできません。矛盾が出ましたから，背理法で証明されたことになります。

先生たちへ この節の問題は，1回の授業のなかで解くものではありません。1年間のコースのなかで，あるいは種々のコンテストなどで使ってください。

§4 ユークリッドの互除法

この章の最初の節で，2つの自然数の最大公約数という概念を説明し，また最大公約数をどうやって求めるかも説明しました。つまり，2つの数を分解して素数の積に書きかえ，共通の部分をとりだすというやり方です。

しかし大きな数になると，この操作を手で行なうのは大変です（たとえば 1381955 と 690713 という数を考えてみましょう）。さいわい，少ない手間で最大公約数を出す方法があります。これが **ユークリッドの互除法** とよばれる方法です。これを説明するために便利な記号をひとつ導入しておきましょう。それは，2つの数 a, b の最大公約数を (a, b) と表わすのです。

♠ 記号について：2つの数 a, b の最大公約数を $\gcd(a, b)$ と書く

こともあります。gcd は最大公約数の英語 greatest common divisor の頭文字をとったものです。

さてユークリッドの互除法は，次のような簡単な理論に基づいています。つまり，2 つの数 $a, b\,(a > b)$ の共通の約数はまた $a-b$ を割り切る，さらに，b と $a-b$ の共通の約数は a も割り切る，というものです。したがって $(a, b) = (b, a-b)$ となります。これはある意味で，ユークリッドの互除法のすべてを説明しているといえます。

451 と 287 という 2 つの数で，ユークリッドの互除法を実際に適用してみることにしましょう。

$$\begin{aligned}(451, 287) &= (287, 164) \\ &= (164, 123) \\ &= (123, 41) \\ &= (82, 41) \\ &= (41, 41) \\ &= 41\end{aligned}$$

ユークリッドの互除法は次のように短くすることができます。つまり，a を $a-b$ へではなく，a を b で割ったときの余りに変えるのです。この "改訂版" 互除法を，この節の最初に書いた大きな 2 つの数を使って見てみましょう。

$$(1381955, 690713) = (690713, 529)$$
$$= (529, 368)$$
$$= (368, 161)$$
$$= (161, 46)$$
$$= (46, 23)$$
$$= (23, 0)$$
$$= 23$$

見てわかるように，この方法を使うと，大変簡単に答えが出ます。

問 54 $2n+13$ と $n+7$ の最大公約数を求めなさい。

解き方 $(2n+13, n+7) = (n+7, n+6) = (n+6, 1) = 1$

問 55 分数 $\dfrac{12n+1}{30n+2}$ は，どんな自然数 n をとってもこれ以上通分して簡単にできないことを示しなさい。

問 56 $2^{100}-1$ と $2^{120}-1$ の最大公約数を求めなさい。

問 57 $111\cdots111$ と $11\cdots11$ の最大公約数を求めなさい。ただし，最初の数は 1 が 100 個あり，2 番目は 1 が 60 個あります。

先生たちへ ユークリッドの互除法は，一見簡単に見えます。しかし，これは大変重要な算術的方法なのです。したがって，この説明には(最大公約数，最小公倍数，およびそれらの特性とともに)別個の時間を当てる方が賢明です。

第4章

鳩の巣箱の原理

§1 はじめに

鳩の巣箱の原理について今まで一度も聞いたことのない人は，これはジョークじゃないかと思うかもしれません。それはこういうものです。

> **鳩の巣箱の原理** N 個の巣箱に $N+1$ 羽，あるいはそれより多い鳩を入れるとすると，ある巣箱には 2 羽かそれ以上の鳩が入ることになる。

♠ これはふつう部屋割り論法といわれています。19 世紀の数学者ディリクレが整数論ではじめてこの考えを示しました。

命題のなかの「ある巣箱には …… 入ることになる」，「2 羽かそれ以上」という文章のあいまいさに気づかれたでしょうか。これこそまさに鳩の巣箱の原理を特徴づけるもので，これによってときには，十分な情報が与えられていないようにみえるときでも，まったく予想できなかった結果に導

72　第 4 章　鳩の巣箱の原理

かれることになるのです。

　この原理の証明はとても簡単で，巣箱の中の鳩の数を数えるだけでよいのです。巣箱にはそれぞれ 1 羽しか入っていないと仮定します。そうすると鳩は合計で N 羽しかいないことになり，これは $N+1$ 羽，あるいはそれより多い鳩を入れるという前提と矛盾します。これで鳩の巣箱の原理を証明したことになります。皆さんは気づいたでしょうが，ここでは矛盾による証明という方法が使われているのです。

　しかし，つづく問題がはたして鳩と関係があるのかと，皆さんは疑問に思うかもしれませんね。

　問 1　袋に赤と黒，2 色のビーズがいくつか入っています。袋の中を見ないでビーズをとりだして，同じ色のビーズが 2 個手元にあるようにするには，最低いくつのビーズをとりだせばよいでしょうか。

　解き方　まず，袋から 3 つ，ビーズをとりだすとします。とりだしたビーズの中にどちらの色のビーズもせいぜい 1 個しかないとすると，そこには 2 個をこえるビーズはないことになります。これはあきらかです。しかしこのことは最初に 3 個ビーズをとりだしたという事実と矛盾しています。

一方，ビーズを2個とりだすだけでは十分ではない，ということもあきらかです。したがって答えは3つということになります。ここではビーズが鳩の役割，色(赤黒)が巣箱の役割をしています。

次の問も鳩や巣箱とはなんの関係もないように見えることでしょう。

問2 ある森には100万本の松の木が生えています。1本の木に60万本をこえる松葉がある松の木は1本もありません。この森の中の松の木の少なくとも2本には同じ数の松葉がなければならないことを示しなさい。

解き方 ここには100万羽の鳩(松の木)がいますが，残念なことに巣箱は0から600000までの600001個しかありません。鳩(松の木)をそれぞれ，松葉の本数のナンバーのついた巣箱に入れます。巣箱より多い鳩がいますから，ある巣箱には少なくとも2羽の鳩(松の木)を入れなくてはなりません。1個の巣箱に2羽以上の鳩が入った巣箱がなければ，600001羽をこえる鳩はいないことになります。しかし，同じ巣箱に2羽の鳩がいるのなら，そのことは同じ数の松葉をもつ松の木が2本あることを示しています。

これらの問題には，鳩の巣箱の原理そのものと同じように，ある種のあいまいさがあることに注意しましょう。鳩の巣箱の原理を使って解ける問題というのはまさしくこういう

問題なのです。

　先生たちへ　生徒たちはこのあいまいさにとまどうことでしょう。まず，問1，2のような簡単な問題をいくつか解いてみるのがいいでしょう。ときには，証明すべきことが何なのか，わからないことがあるかもしれません。また，直感による理解と実際の証明のあいだには違いがあることを説明することが必要かもしれません。

　最初のいくつかの問題を解くにあたっては，共通のアイディアを強調することが大切です。これは生徒にはまず，あきらかなことではありませんから。この場合，原理そのものを意識的に思い起こさせる必要はありません。つづく問3-7で，先生の行なった議論をまねさせることによって解かせるようにします。最後に鳩の巣箱の原理を直接的に説明し，それまでに解いた問題の基礎となっていることを説明します。それからは，問題を分析するときに，鳩の巣箱の原理といわなくても，解法を詳しく説明して，生徒に状況をもう一度考えさせることができるのです。

　問3　12個の整数があります。そのうちから2つの数の差が11で割り切れるように2つの数を選ぶことが可能なことを示しなさい。

　問4　サンクトペテルブルクの人口は500万人です。もしそのうちのだれにも100万本をこえる髪の毛がはえていないとしたら，この街の人々のうちの2人には同じ本数の髪の毛がはえていることを示しなさい。

　問5　25個のりんご箱がある店に配達されました。りん

ごは3種類です。それぞれの箱には同じ種類のりんごだけが入っています。これらのりんご箱のうち，少なくとも9箱には同じ種類のりんごが入っていることを示しなさい。

問5を解くにはもう少し一般的な鳩の巣箱の原理が必要です。それはこれから説明します。

§2 もっと一般的な鳩

上記の問題を注意深く読んで，問3, 4と同じように問5を解こうとしても，おそらく解けないでしょう。鳩の巣箱の原理では，結局，同じ種類のりんごが入っているのは2箱とだけしかいえません。この問題を解くには，「一般的な鳩の巣箱の原理」というものが必要となります。

一般的な鳩の巣箱の原理 もし，$Nk+1$羽，あるいはそれより多い鳩をN個の巣箱に入れるとすると，ある巣箱には少なくとも$k+1$羽の鳩を入れなくてはならない。

$k=1$の場合，一般的な鳩の巣箱の原理は前に述べた鳩の巣箱の原理そのものになります。一般的な鳩の巣箱の原理の証明は練習問題としておきましょう。

76   第4章 鳩の巣箱の原理

問5の解き方　25羽の鳩(りんご箱)を3個の鳩の巣箱(りんごの種類)に入れるわけです。$25 = 3 \cdot 8 + 1$ ですから，$N = 3$, $k = 8$ として一般的な鳩の巣箱の原理を使うことができます。ある鳩の巣箱は少なくとも9個のりんご箱を含んでいることがわかります。

この問題を解くには，鳩の巣箱の原理の形をとらずに，むしろ単純な数え上げ(鳩の巣箱の原理を証明したように)を使うようにいい直す方がわかりやすいでしょう。

つづく問では一般的な鳩の巣箱の原理を使わなければなりません。

問6　クーランド国にはサッカーチームが M 組あって，それぞれに11人の選手がいます。今，ほかの国で行なわれる大切な試合に行くため，選手たちが空港に集まっています。しかし，かれらはキャンセル待ちの状態にあります。目的地に行く飛行機は10便ありますが，現在どの便にも M 人分の空席しかありません。1人の選手はキャンセル待ちをするぐらいならと，自分のヘリコプターで行くことになりました。少なくとも1つのチームは全員が大切な試合に行けることを示しなさい。

問7　異なる自然数が8個ありますが，どれも15より大きくありません。この中から2つずつとってペアをつくります。このうち少なくとも3つのペアは，同じ正の差をも

つことを示しなさい．1つのペアと別のペアとには同じ数が含まれていてもよいとします．

　この問題を解くとき，一見，どうしてもこえられない障害があると思うかもしれません．8個の数字のあいだには1から14までの差の可能性があります．つまり14個の巣箱があるわけです．それでは鳩にあたるものはなんなのでしょう？　ペアの数の差としか考えられません．しかし，ペアの可能性は28組あって，2羽ずつ '鳩' をそれぞれの '巣箱' に入れます(3組以上入る巣箱はありません)．ここで，さらに考える必要があります．14番目の巣箱には2羽以上の鳩を入れることはできません．というのも14は15以下の2つの自然数の差として，次のようにしか書けないからです．14=15−1．つまり，残りの13個の巣箱で少なくとも27羽の鳩を納めなくてはならないことになり，一般的な鳩の巣箱の原理で答えがわかります．

＊　　＊　　＊

　次の4問は(普通，一般的な)鳩の巣箱の原理にほかの考え方をプラスして解きます．

　問8　どんな5人のグループでも，そのグループの中での友人の数が等しい人が2人いることを示しなさい．

　問9　いくつかのサッカーチームがリーグ戦をすることに

なりました。どのチームもほかのチームと1回だけ試合をします。リーグ戦が行なわれているどの時点でも，それまでに同じ数の試合をしている2つのチームがある，ということを示しなさい。

問10a 8×8のチェス盤のできるだけ多くのマス目に緑色を塗ろうと思います。ただし図のような形のマス目を勝手にとりだしたとき，少なくとも1つのマス目は緑色に塗られていないようにします。最大いくつのマス目の色を塗ることになるでしょうか。(3つのマス目はこの図のようなものだけではなく，これを90°ごとに回転させた形も考えることにします。)

問10b 問10aで3つのマス目のうち少なくとも1つだけ色が塗られるようにすると，色が塗られるのは最小いくつのマス目になるでしょうか。

[問10aへのヒント] チェス盤を16個の2×2のマス目に分けます。これらの小さな四角が鳩の巣箱で，緑に塗るマス目が鳩になります。

複雑な問題(問10以降)を解くには，鳩と，鳩の巣箱を見分けるプロセス，補助的な考え方の導入，鳩の巣箱の原理をあてはめるプロセス，これらをきちんと区別して考えること

§3 幾何における鳩　79

が大切です．問題の文を読んで，鳩の巣箱の原理があてはめられるかどうか，判断できるようにならなければなりません．

問 11　数学オリンピックで10人の生徒が全部で35問の問題を解きました．どの問題もちょうど1人の生徒だけに解かれています．また，1つの問題だけを解いた生徒，2つの問題だけを解いた生徒，3つの問題だけを解いた生徒が少なくとも1人はいます．5つ以上の問題を解いた生徒が少なくとも1人はいることを示しなさい．

§3　幾何における鳩

問 12　チェス盤にキングをいくつかおくとします．互いに王手がかかっていない状態におくとすると，最大いくつのキングがおけるでしょうか．

問 13　図のようなクモの巣があります．この巣に縄張りでケンカをしないようにクモを入れたいのですが，最大，何匹のクモを入れられるでしょうか．となりのクモとの距離は糸に沿って1.1メートル以上が必要です．

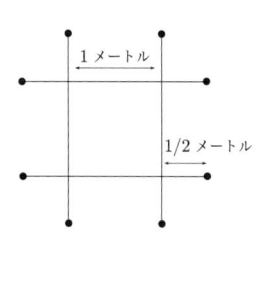

問 14　正三角形をそれより小さい2つの正三角形で完全

に覆うことはできないことを示しなさい。

問 15 1メートル四方の正方形の中に 51 個の点が点在しています。適当な 20 センチメートル四方の正方形をとると，この中の 3 個の点を覆うことができることを示しなさい。

(解き方) 大きい正方形を 20 センチメートル四方の正方形 25 個に分けると，一般的な鳩の巣箱の原理によって，これらの正方形のうちの 1 つが少なくとも点を 3 個含むことがわかります。

注意深い読者なら，この論法には小さな欠陥があることに気づくことでしょう。これまで，鳩の巣箱は互いに離れていると考えてきました。つまり，鳩が同時に 2 つの巣箱に入ることはできないということです。しかし，この問題の中の '巣箱' つまり小さな正方形にはわずかな重なりがあります。正方形の辺の上にある点は 2 つの正方形に含まれているのです。

これを解決するために，正方形の境界線となっているおのおのの辺について，辺上の点がどちらの正方形に含まれるか，決めなくてはなりません。これはたとえば，1 つの正方形の '北' と '東' の辺はその上の点を含まず，'南' と '西' の辺はその上の点を含む(ただしこの場合，大きな正方形の辺上の点は除く)，とすることによって解決できます。この小さな補正によって，'正しい鳩の巣箱' のセットが得られ，

§4 もうひとつの一般化

鳩の巣箱の原理は不等式の足し算に基づいていることに注意しましょう。この不等式の足し算で重要な点は次のようなことです。

> もし n 個あるいはそれ以上の数の和が S に等しいとすると、その数字の中には S/n より大きくない数が、そしてまた S/n より小さくない数が、1つあるいはそれ以上存在する。

鳩の巣箱の原理のほとんどの変形と同じように、これを間接的に証明できます。たとえば、もし、数がすべて S/n より大きいとすると、それらの数の和は S より大きくなり、これは前提に矛盾しているということになるのです。

問 16 5人の若い工員が全部で 1500 ルーブルの賃金を手にしました。全員、1台 320 ルーブルする音楽プレイヤーを買いたいと思っています。少なくとも1人は、次の支払日まで買うのを待たなければならない、ということを示しなさい。

解き方 彼らの賃金の合計 S は 1500 ルーブルですから、

上記の原則によると少なくとも1人の工具は1500/5=300ルーブルをこえる額を稼いではいません。その人は音楽プレイヤーを買うのを待たなくてはなりません。

問 17　7人のグループがありますが，その人たちの年齢の合計は332歳です．3人の年齢の合計が142歳をこえないように，この7人の中から3人を選べることを示しなさい．

解き方　このグループの中で可能な3人の組み合わせをすべて考えます．それらの小グループの年齢を足し，次にすべてのグループの年齢を足すと，合計は $15 \cdot 332$ となります（全員が3人組に15回加わるわけですから）．3人の組み合わせは35できます．これは，ある3人組の年齢が $\frac{15 \cdot 332}{35}$ 歳，つまり142歳より大きくはないということを意味しています．

問 18　タウ・セタス太陽系のある惑星では，地表の半分より多くが陸地です．この惑星の中心点を通って，陸地から別の陸地へまっすぐなトンネルを掘ることができることを示しなさい（この惑星の住人にはそれだけの技術があるものと仮定しています）．

§5　整 数 論

整数の整除に関するすばらしい問題の多くが，鳩の巣箱の

§5 整数論

原理を利用することで解くことができます。

問 19 2のベキ乗の中で，その差が 1987 の倍数となる 2 つの数があることを示しなさい。

問 20 52 個の異なる整数があるとします。このとき，そのうちの 2 つは，それらを 2 乗したものの差が 100 で割り切れることを示しなさい。

問 21 10 進法で表わしたとき，すべての桁に現われる数が 1 だけという整数で 1987 で割り切れるものがあることを示しなさい。

(解き方) まず 1988 の '鳩' に $1, 11, 111, \cdots, 111\cdots11$(1988 個の 1 まで)というふうに番号をつけます。それらを $0, 1, 2, \cdots, 1986$ の番号をつけた 1987 個の鳩の巣箱に分け入れます。巣箱への入れ方はそれぞれの数を 1987 で割ったときの余りと等しい番号をもつ巣箱に入れるのです。鳩の巣箱の原理により，1987 で割ったときに同じ余りをもつ数が 2 つあることがわかります。この 2 つの数がそれぞれ，m 個の 1，n 個の 1 をもつとします($m>n$)。すると，1987 で割ったときの差は $111\cdots1100\cdots00$ ($m-n$ 個の 1 と n 個の 0)と等しくなります。数字を全部 1 にするために，うしろについている 0 を全部とりさります。(2 も 5 も 1987 の因数ではないので，こうしても 1987 の整除には影響がありません。)こうすると，この数は 1987 で割り切れます。

問 22 10 進法で表わしたとき最後が 001 で終わる 3 のベキ乗があることを示しなさい。

問 23 3×3 の格子があり，それぞれのマス目に $-1, 0, 1$ のどれかが入っています。縦，横，斜めと和をとるとり方は 8 通りありますが，そのうち 2 通りは和が等しくなることを示しなさい。

問 24 100 人が丸いテーブルを囲んで座っていますが，半分をこえる人が男性です。テーブルの対角線上に座っている 2 人の男性がいることを示しなさい。

問 25 15 人の少年がどんぐりを 100 個集めました。このとき何人かは同じ数のどんぐりを集めたことを示しなさい。

問 26 $1, 2, \cdots, 9$ を 3 つのグループに分けます。そのうちの 1 つのグループの数の積は 71 をこえることを示しなさい。

問 27 10×10 の方眼紙のマス目のそれぞれに整数が書いてあります。そのなかのどのとなり合わせの数 2 つを比べても，その差が 5 をこえる数はありません（となり合わせというのは，同じ辺をもっているマス目のことです）。整数のうちの 2 つは等しいことを示しなさい。

問 28 6 人の人がいます。この 6 人の中の 3 人組で，みな互いに知り合いであるか，あるいはだれも知り合いがいな

いか，どちらかであるような3人組がいることを示しなさい．

問29 無限の格子上に，5つの格子点があります．これらの格子点の中の適当な2つをとると，この2点を結ぶ線上のちょうど真ん中にある点もまた格子点であることを示しなさい．

問30 ある倉庫にサイズ41のブーツが200個，サイズ42が200個，サイズ43も200個，しまわれています．これら600個のブーツのうち，左足用が300個，右足用も300個です．これらの中から，正しいペアのブーツを少なくとも100足は見つけることができることを示しなさい．

問31 ある言語のアルファベットには子音字が22個，母音字が11個あります．これらの文字の組み合わせで，子音字が2つ以上並ぶことはなく，また同じ文字が2つ使われていないものが言葉となっています．アルファベットは6つの部分集合(空でない)に分けられています．その中の少なくとも1つのグループの文字は言葉を形づくれることを示しなさい．

問32 与えられた10個の整数の集合から1つの部分集合を選ぶとき，その和が10で割り切れるように選べることを示しなさい．

第 4 章　鳩の巣箱の原理

問 33　異なる自然数が 11 個ありますが，20 より大きい数はありません。その中から，1 つの数でもう 1 つの数を割れるように，2 つの数を選ぶことができることを示しなさい。

問 34　サマーキャンプで，11 人の生徒たちが 5 つの学習グループをつくりました。そのなかの生徒について，A が入っている学習グループにはかならず B もいる，という生徒 A と B がいることを示しなさい。

　もし生徒がすぐには問題が理解できなくても，しばらくあとでもう一度考えてみると，フレッシュなアイディアが出てきます。すぐに答えを見にいかないようにしましょう。いくつかの問題には鳩の巣箱の原理を使わなくても解ける方法があります。

第5章

グラフ(1)

この章で扱うテーマは，一見したところ，ほとんど似たところのないさまざまな種類の問題を解くのにとても有効です。グラフは，興味深いテーマの1つです。数学の分野にグラフ理論とよばれるものがありますが，ここではこの理論から初歩的な考え方をいくつか勉強し，問題を解くにあたってグラフをどのように使うかを示します。

§1 グラフとはなにか

問1 太陽系の9つの惑星間に宇宙航路がひらかれ，次のようなルートでロケットが飛ぶことになりました。地球―水星，冥王星―金星，地球―冥王星，冥王星―水星，水星―金星，天王星―海王星，海王星―土星，土星―木星，木星―火星，そして火星―天王星です。旅行者ははたして地球から火星に行くことができるでしょうか。

♠ 冥王星は長い間，太陽系の第9惑星とされていましたが，2006年に惑星の定義が明確にされ，冥王星は「準惑星」に分類される

ことになりました。

解き方 惑星を点として図を描きます。惑星間の航路は交わらない直線で表わします。この図を見れば，地球からは火星に行けないことがあきらかです。

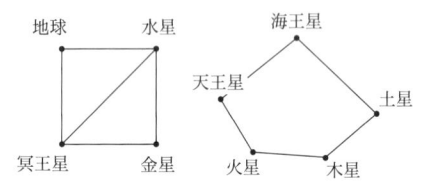

問 2 3×3のチェス盤に，ナイトを下の左の図のようにおきます。この配置から，ナイトを動かし，右の図の配置にもっていくことができるでしょうか。（ナイトは縦2横1，あるいは縦1横2と動くことができます。）

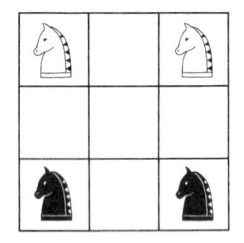

解き方 答えは「いいえ」です。まずチェス盤に図のように1から9までの番号をつけてみましょう。

§1 グラフとはなにか 89

1	4	7
2	5	8
3	6	9

それから1つ1つのマス目を点として表わします。マス目から次のマス目へのナイトの動きを点と点を結んで表わすと次の図のようになります。

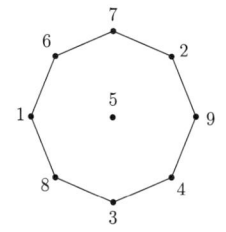

上の図で示されている最初の位置と最後の位置をこの図にしたがって表わしてみました。

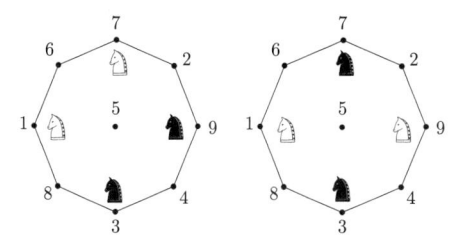

ナイトが円周上で並んでいる順番を変えることができないことはあきらかです。したがって図を見ると問題の配置にナイトをもっていくことはできないことがわかります。

上の2つの問題はあまり似ているようには見えませんが、その解は共通点をもっています。つまり、問題を図式化することができるのです。図式化されたものも共通点をもっています。どちらも点の集まりで表わされ、それらの点のいくつかが線で結ばれているのです。

このような図を**グラフ**といいます。点をグラフの**頂点**、線をグラフの**辺**といいます。

方法論的な注意　上のグラフの定義ではグラフは非常に限定されたものとなってしまいます。たとえば、問20ではグラフの辺を書くときに線分ではなく、弧を使いますが、そのときはその方が自然なのです。しかし、ここでグラフの厳密な定義をするのは複雑になるだけです。上記の表現で生徒たちには十分ですし、グラフとはなにかについて初歩的な考えを与えることができます。詳細な定義については後で学ぶことができます。

*　　*　　*

次の2問もグラフを描くことによって解ける問題です。

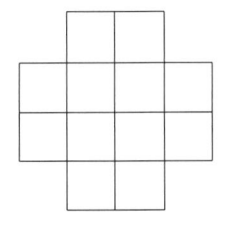

§1 グラフとはなにか 91

問3 4×4のマス目から四隅のマス目をとって十字形にしました。この盤の上でナイトを動かすのですが，すべてのマス目の上を一度だけ通り，スタートしたマス目にもどることができるでしょうか。

問4 フィギュラ国には9つの都市があり，1から9までの名前がついています。これらの都市の間は航空路で結ばれています。しかし，航空路があるのは，2つの都市の名前を並べて2桁の数字にし，それが3で割り切れる場合だけです。旅行者ははたして都市1から都市9まで行けるでしょうか。

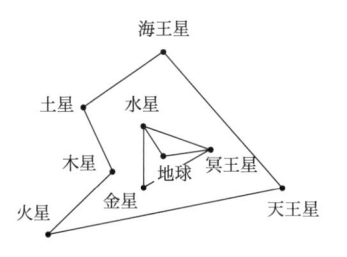

同じグラフを別のやり方で表わすことができます。たとえば問1のグラフは右の図のようにも描くことができます。

グラフについてもっとも大切なことは，どの頂点が結ばれていて，どの頂点がそうではないか，ということです。

2つのグラフがその意味で同じものを表わしているとき**同型**といいます。しかし描き方によっては，同型のグラフでも

見た眼には違った形をとることがあります。

問5 次の3つのグラフの中で，問2のグラフと同型であるものを見つけなさい。

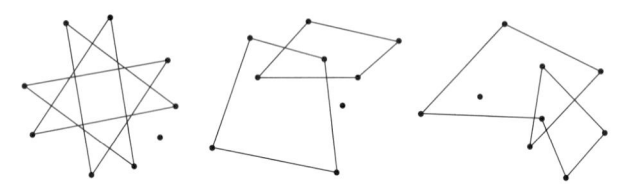

解き方 左端と右端のグラフは互いに同型です。この2つが問2のグラフと同型であることを理解するのは難しいことではありません。次の2つの図のように頂点に番号をつければよいのです。真ん中のグラフが問2のグラフと同型でないことの証明は少し複雑になります。

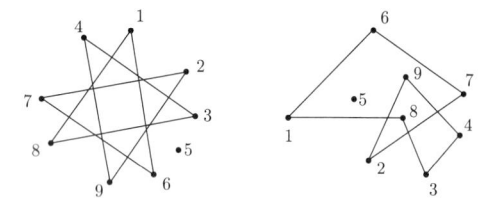

先生たちへ グラフの概念を教えるのは，問1, 2のような問題をいくつかやったあとにしましょう。問1, 2ではグラフを使って問題でいっていることを図示しています。生徒たちには，同じグラフが別のやり方で描けることを正しく理解させることが大切です。同型という概念を理解させるためには，ここにあげたような問題を

§2 頂点の次数——辺を数える

前節ではグラフは点(頂点)の集合であり，点のいくつかが線(辺)で結ばれたものと定義しました．1つの頂点から出ている辺の数は，頂点の**次数**とよばれます．たとえば右の図では，頂点 A の次数は 3，頂点 B の次数は 2，頂点 C の次数は 1 となります．

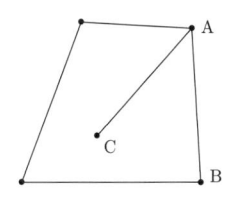

問 6 スモールヴィルには電話が 15 台あります．どの電話も，ほかの 5 台とだけ結ばれるようにすることは可能でしょうか．

解き方 可能と仮定しましょう．電話を頂点，電話線を辺で表わすグラフを考えます．そうすると，このグラフには頂点が 15 あり，それぞれが 5 の次数をもっていることになります．このグラフの辺の数を数えてみましょう．これをするには，頂点全部の次数を足せばよいのですが，この計算では辺が全部 2 回数えられています(それぞれの辺は 2 つの頂点を結んでいますから)．したがって，このグラフの辺の数は 15·5/2 となりますが，これは整数ではありません．つまり，このようなグラフはありえないことになり，問のように電話

線を引くことはできないことになります。

この問題では,それぞれの頂点の次数をもとに,グラフの辺を数えるやり方を示しました。つまり,頂点の次数をすべて数え,その和を 2 で割るのです。

問 7 ある王国には 100 の都市があり,それぞれの都市から道路が 4 本ずつ出ています。この王国には道路はいったい何本あるでしょうか。

ここで述べたグラフの辺を数えるやり方は,次のような意味をもっています。つまり,グラフの頂点の次数の和は偶数でなくてはならないということです(でなければ,辺の数を出すために 2 で割ることができなくなります)。次のような定義を用いることにより,このことをきれいな形で定理として述べることができます。

奇数の次数をもつグラフの頂点を**奇の頂点**といい,偶数の次数をもつグラフの頂点を**偶の頂点**といいます。

定理 どんなグラフをとっても,奇の頂点の数は偶数でなくてはならない。

方法論的な注意 この定理はこの章で中心的な役目をはたします。この定理を導いた考え方をいつも頭に入れておき,問題を解くためにこの定理をできるだけ利用することが大切です。生徒たちに

§2 頂点の次数

は，問題を解くときに定理を引用するだけではなく，定理の証明をたえず繰り返させるようにしましょう．

この定理は，たとえば問12のように，グラフのある辺について，その存在を証明するのに使います．また，問8-11のように，ある状況をグラフにするのは不可能であることを証明するときにも使います．そのような問題は生徒には難しいかもしれません．生徒には，問題のグラフを描くように努力させ，つづいてそれが不可能であると推測させ，それから上の定理を使って，問題のグラフが存在しないことをきちんと証明させることにしましょう．

問8 あるクラスには30人の生徒がいます．その中の9人にはそれぞれ3人の友だちがいて(このクラスの中に)，11人にはそれぞれ4人，10人にはそれぞれ5人の友だちがいるということは可能でしょうか．

解き方 もし可能とすると，30個の頂点(生徒)をもち，そのうちの9個が次数3，11個が次数4，10個が次数5のグラフが描けることになります．しかし，そのようなグラフは奇の頂点を19個もつことになり，これは定理に矛盾しています．

問9 スモールヴィルには電話が15台あります．それらを次の2通りの仕方で連結することはできるでしょうか．

(a) どの電話もほかの7台の電話と連結している．

(b) ほかの3台と連結している電話が4台，6台と連結しているのが8台，5台と連結しているのが3台，というふうに連結する．

問 10 ある王様には 19 人の家臣がいます。それぞれの家臣が，1 人，あるいは 5 人，あるいは 9 人の家臣ととなり合って並ぶ，ということはありえるでしょうか。

問 11 ある王国ではすべての都市からそれぞれ 3 本ずつの道が出ています。国全体で道路の数が 100 本ということはありえるでしょうか。

問 12 ディズニーランドへ行ってきたジョンが，7 つの島がある魔法の湖の話をしています。島にはそれぞれ 1 つ，3 つ，5 つのいずれかの橋がかかっているということです。少なくとも橋の 1 つは湖の岸に届いているはずだ，というのは本当でしょうか。

問 13 地球上にいままでいた人間の中で，生きている間に握手を奇数回した人間の数は偶数であることを示しなさい。

問 14 平面に 9 本の線分を引こうと思います。それぞれがほかの 3 本の線分と交わるように 9 本の線分を引けるでしょうか。

§3 新しい定義

問 15 七ノ国には町が 15 あります。それらの町はそれぞれ少なくともほかの 7 つの町と結ばれています。ある町

§3 新しい定義　97

から別のある町へ，別の町をいくつか通って，たどりつくことができるでしょうか。

　解き方　ある2つの町について考えてみることにしましょう。その2つの町を結びつける道はないと仮定します。つまり，どのような道をたどってもこの1つの町に入る道は，もう一方の町へ向かう道とはつながっていないということです。問では，この2つの町はそれぞれほかの7つの町と結びついていることになっています。これらの14の町は別の町でなければなりません。もしその中の2つが同じ町だとすると，問題の2つの町を結びつける道がその町を通って存在することになってしまいます。したがって少なくとも16の町がこの国にはあることになり，これは問で言っていることに矛盾しています。

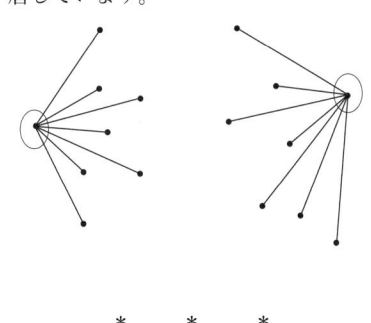

　　　　　　　＊　　＊　　＊

この問題から，3つの大事な定義が導かれてきます。
ある頂点(始点)から出てある頂点(終点)で終わる連続した

辺のつながりで，前の辺の終点が次の辺の始点となるようにつながっているものを**道**といいます。

どの2つの頂点も道で結ばれているグラフは**連結である**といいます。

閉じた(始点と終点が同じ)道は**サイクル**といいます。

前問の答えをいい直してみると，七ノ国の道のグラフは連結であるということになります。

問16 n 個の頂点をもつグラフで，おのおのの頂点が少なくとも $(n-1)/2$ の次数をもつとき，このグラフは連結であることを示しなさい。

連結でないグラフとはどのようなものか，という質問がでてくるかもしれません。そのようなグラフはいくつかの '部分' からできています。1つの部分の中では，ある頂点から別の頂点へと辺をたどって移動することができます。たとえば，図(a)は3つの部分からなっていますし，図(b)は2つの部分からなっています。

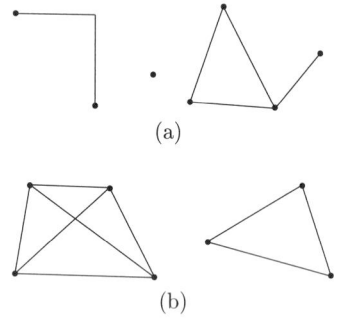

これらの '部分' はグラフの**連結成分**といいます。連結成分はもちろん連結グラフです。連結グラフはただ1つの連結

成分からなるということもできます。

問 17 ネヴァーネヴァーランドには交通手段が1つしかありません。空飛ぶじゅうたんです。ファーヴィルへは1航路だけ飛んでいますが，ほかの町にはそれぞれ20ずつの航路があります。首都からは21の空飛ぶじゅうたん航路が出ています。首都からファーヴィルまで，空飛ぶじゅうたんで旅することができることを示しなさい(じゅうたんを乗り継いで)。

解き方 首都を含む空飛ぶじゅうたん航路のグラフの連結成分を見てみましょう。この成分にファーヴィルも含まれていることを証明しなければなりません。含まれていないと仮定してみましょう。すると，1つの頂点からは21の辺が，ほかのすべての頂点からは20の辺が出ていることになります。したがってこの連結成分は1つの奇の頂点をもっていることになりますが，これは矛盾しています。

方法論的な注意 連結という考え方は非常に重要で，グラフ理論ではいつも使われます。問17の解の重要な点——連結成分の考察——は使い道の多い考え方であり，問題を解くにあたって非常に有用なことが多いのです。

問 18 ある国ではそれぞれの町から100本の道路が出ていて，それらを通ってある町から別の町へと行くことができます。1本の道が補修のため閉鎖されています。それでも，

ある町から別の町へ行けることを示しなさい。

§4 オイラーのグラフ

問 19 次の2つのグラフのそれぞれを，一度も紙から鉛筆を持ち上げることなく，それぞれの辺を一度だけ通るようにして，一筆書きで描けるでしょうか。

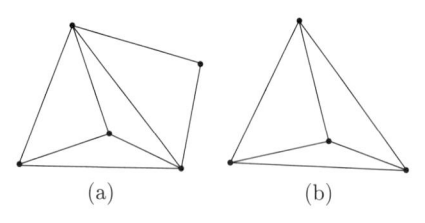

(a) (b)

解き方 (a) 描けます。1つの方法としては，一番左端の頂点から始め，真ん中の頂点で終わるやり方があります。

(b) 描けません。もしグラフが一筆書きで描けるとすると，頂点に入る回数と同じだけそこから出ていかなくてはなりません(始点と終点の頂点を除いて)。したがって頂点(2つの頂点を除いて)のそれぞれの次数は偶数でなければなりません。始点と終点が一致すれば，その点の次数はやはり偶数ですが，そうでなければこの2つの点の次数は奇数となります。しかし(b)はそうなっていません。

この問を解いてみたことで，次のような原則があきらかに

なりました。

> 一筆書きで描けるグラフには，奇の頂点は全然ないか，またはちょうど2つしかない。

♠ この一筆書きの原則については，第13章「グラフ(2)」でもっとはっきりした形で定理として述べます。

この種のグラフを最初に研究したのは偉大な数学者，レオンハルト・オイラーで，1736年のことです。彼は，プロシアのケーニヒスベルクにあった7つの橋を，それぞれ二度通らないで全部渡ることができるかという問題について解答を与えました(問20も参照)。この種のグラフは彼にちなんで**オイラーのグラフ**とよばれています。

問20 ケーニヒスベルクの橋を下に示します。町は1本の川をはさんで両岸に広がっています。川の中には2つの島があり，島と両岸を結んで7本の橋がかかっています。

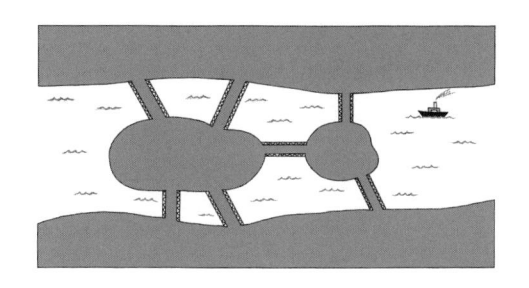

どの橋もただ一度渡るだけで，町を散歩することはできるでしょうか。

問 21　島がいくつかあって，どの島からも別の島に行けるように橋がかかっています。ある旅人がそれらの橋を一度だけ通って全部の島を訪れましたが，島の1つ，スライス島だけは三度訪れました。次の条件のとき，スライス島への橋はいくつあるでしょうか。

(a) 島への訪問がスライス島から始まらず，スライス島で終わりもしなかったとき。

(b) スライス島から始めたが，スライス島で終わらなかったとき。

(c) スライス島から始めて，スライス島で終わったとき。

問 22　(a) 120センチメートルの長さの針金があります。この針金を折り曲げて1辺が10センチメートルの立方体をつくれるでしょうか。

(b) この立方体をつくるとき，最低何回針金を切ればよいでしょうか。

第6章

三角不等式

§1 はじめに

三角不等式への導入は簡単です。生徒たちは幾何の知識を必要としません。しかし，公理や定式化された証明法を学んでいる生徒たちにとってもそれだけではすぐに気づきにくい重要な応用があります。三角不等式を含む問題はよく考えることが必要です。

三角不等式とは次のようなものです。どんな三角形 ABC をとっても次の3つの不等式が成り立つ。

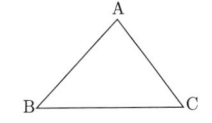

$$AB < AC+BC,$$
$$AC < BC+AB,$$
$$BC < AB+AC$$

これは三角形の1辺はほかの2辺の和より小さいということを示しています。

問1 どのように3点 A, B, C をとってみても，不等式

AC≧|AB−BC| が成り立つことを示しなさい。

この問題を解くときは，問を幾何的に解釈することが大切です。つまり，三角形の1辺の長さは，ほかの2辺の差の絶対値以上になる，ということです。

問2 三角形 ABC があり，辺 AC の長さは 3.8，辺 AB の長さは 0.6 です。辺 BC の長さを整数とすると，その長さはいくつでしょうか。

問3 三角形のどの辺の長さも，三角形の周囲の長さの半分をこえないことを示しなさい。

問4 サンクトペテルブルクからモスクワまでの距離は 660 キロメートルです。サンクトペテルブルクからリコボまでは 310 キロメートル，リコボからクリンへは 200 キロメートル，クリンからモスクワまでは 150 キロメートルです。リコボからモスクワまでは何キロメートルあるでしょうか。

［ヒント］ サンクトペテルブルクからリコボ，リコボからクリン，それにクリンからモスクワ間の距離を足したものがサンクトペテルブルクからモスクワまでの距離と等しくなっています。つまり，これらの都市はすべて同じ線上にあるということです。

この問を解くにあたっては，次のような事実を利用しま

す。つまり，四角形の 3 辺の和は，4 つ目の辺の長さより長い，ということです。これは三角不等式を使えば，簡単にわかります。実際，どんな多角形でも，1 つの辺を除いた残りの辺の長さの和は，1 つの辺の長さより長いのです。生徒たちは，この事実がいくつかの場合について理解できれば，ほかの場合も直感的にわかるはずです。さらに進んだ生徒は，帰納法を用いた論理的証明をすることもできます。

問 5 凸四角形の内側に，4 つの頂点からの距離の和が最小になる点を見つけてください。

解き方 この四角形は凸ですから，その対角線は内側のある点 O で交わります。四角形の頂点をそれぞれ A, B, C, D としましょう。

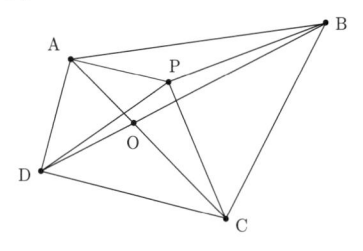

O から頂点までの距離の和は AC+BD です。しかし，どんな点 P に対しても PA+PC≧AC となります(三角不等式による)。同様に PB+PD≧BD です。つまり，P から頂点までの距離の和は AC+BD より小さくありません。あきら

かにこの和はPとOが一致するときだけ，AC+BDと等しくなるのです。したがってOが求める点となります。

問6 正方形ABCDと同じ平面上に点Oがあります。Oから1つの頂点までの距離は，ほかの3つの頂点からOまでの距離の和より大きくないことを示しなさい。

問7 凸四角形の対角線の和は4辺の長さの和より小さいが，4辺の長さの和の2分の1よりは大きいことを示しなさい。

問8 凸五角形の対角線の和は5辺の長さの和より大きいが，5辺の長さの和の2倍よりは小さいことを示しなさい。

問9 三角形の中に2つの点をとると，2つの点の間の距離は三角形の周囲の長さの半分より大きくならないことを示しなさい。

§2 三角不等式と幾何学的変換

三角不等式をあてはめるべき適当な三角形が問題の中に見あたらないという場合がときどきあります。こういう場合，適切に幾何学的な変換をすることで問題が解けることがあります。以下の問題は，三角不等式とともに対称性を使います。

§2 三角不等式と幾何学的変換   107

問10 ある人がキノコ狩りに森へ行きました。あるきまったところで森から出て一直線にはしっている道路まで行き，ふたたび別のきまったところから森に入ろうとしています。このときの最短の道を示しなさい。

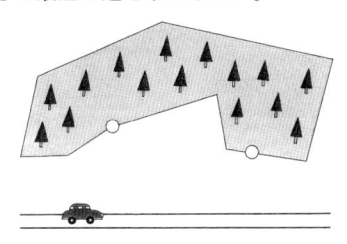

問11 鋭角型の半島に森の番人が住んでいます。ある日この番人は小屋を出て半島の一方の側の海岸へ行き，そのあと反対側の海岸へ行き，それから小屋へもどることになりました。最短距離となるように歩くにはどのような道を行けばよいでしょうか。

問12 鋭角の内側に点 A があります。2 つの辺をはさんで対称の位置に点 B, C があります。線分 BC が鋭角の 2 つの辺と交わる点を D, E としたとき，BC/2>DE であることを示しなさい。

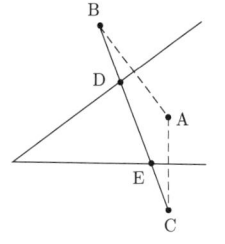

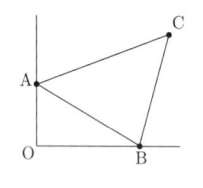

問 13 直角の中に点 C があり，点 A，B が辺の上にあります。O を直角の頂点とするとき，三角形 ABC の周囲の長さは OC の長さの 2 倍より大きいことを示しなさい。

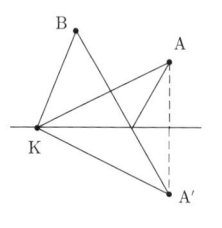

問 10 の解を考えてみましょう。キノコ狩りに行く人が A 地点で森を離れ，B 地点でふたたび森へ入るとします。道路をはさんで A に対称な点 A′ を求めます。K をこの人が道路に出た地点とすると，AKB は A′KB と長さが等しいことになります。というのも A′K は AK を道路に対称においただけだからです。A′KB が A′B より短いということはありえません。したがって点 K は A′B が道路と交わる地点でなくてはならないことになります。

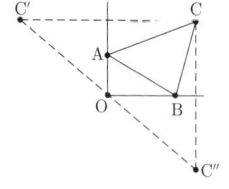

同様の考え方で別の問を解くことができます。たとえば問 13 では，OA，OB に関して点 C と対称な点 C′，C″ を求めます。点 O が線分 C′C″ 上にあることはすぐにわかります。三角形 ABC の周囲の長さは線分 C′A，AB，BC″ の和とおきかえることができます。三角不等式により，この和が C′C″ の長さより小さいということはありえません。

C′C″ は直角三角形の斜辺で，OC がその中線ですから，2OC と等しくなります。（この定理を知らない生徒は，もっと直感的な方法を見つけるかもしれません。たとえば，C′，C″，C を頂点とする長方形を考えてもよいのです。）

先生たちへ これらの問に対しては，生徒たちに論理的な説明をしてやり，単に直感的な説明だけで終わらないように，慎重に扱うことが大切です。直線に関して対称点をとっても，直線上の点からその点までの距離は変わらないことを認識させます。それから，これらの問題に共通の考えを指摘します。求める線分を，その長さを変えることなく移しかえ，最短距離で 2 点を結ぶ問題とするのです。移しかえられた線分は直線となり，そうすれば答えが明確に得られることを認識するのは大事なことです。それに気がつかなければ，問題を解くことははるかに難しいものとなります。

* * *

空間にある面の上での動きを扱う問題もあります。このような問題ではその面を平面に展開したあとで三角不等式を使います。つづく問題がその典型です。

問 14 ハエが 1 匹，木製の立方体の頂点にとまっています。ハエがこの頂点から反対側の頂点まで歩いていくとしたとき，その最短の道を示しなさい。

問 15 ハエが円筒状のコップの外側の面にとまっています。このハエがコップの内側のある点まで歩いていこうとし

§3 補 足 図

多くの場合，幾何的不等式の証明には補足図が必要となります．そのような問題は，補足図の描き方に経験が必要なため，少し難しくなります．つづく問題はそのための練習となるでしょう．

問 16 三角形 ABC の内部に点 O があります．AO+OC<AB+BC であることを示しなさい．

問 17 点 O が三角形の内部にある場合，点 O から頂点までの距離の和は三角形の周囲の長さより小さいことを示しなさい．

問 18 問 11 で，この半島が鈍角の形をしている場合には，番人は頂点の方へ歩き，小屋へもどることになることを示しなさい．

問 19 三角形 ABC の中線 AM の長さは辺 AB と AC の和の半分より小さいことを示しなさい．また 3 本の中線の和は三角形の周囲の長さより小さいことを示しなさい．

§4 いろいろな問題

問 20 多角形が1つあります。これを1本の直線で2つに折ります。こうして得られた多角形の周囲の長さは，もとの多角形の周囲の長さより大きくはないことを示しなさい。

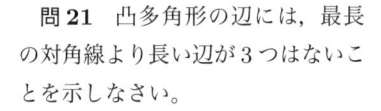

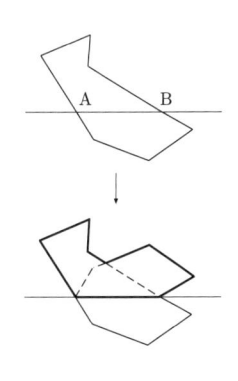

問 21 凸多角形の辺には，最長の対角線より長い辺が3つはないことを示しなさい。

問 22 三角形の3辺の和は，3本の中線の和の4/3より大きくないことを示しなさい。（これを解くには，3本の中線がそれぞれを分ける比を見つけなくてはなりません。）

問 23 両岸が平行になっている1本の川の両側にそれぞれ村があります。両岸に垂線を引く形で細い橋をかけることになりました。村から村へ最短距離で行けるようにするには，どこに橋をかければよいでしょうか。

問 24 凸五角形の適当な3本の対角線をとると，それで三角形がつくれることを示しなさい。

第7章

ゲーム

　生徒たちはゲームをするのが好きです。ゲームの背後にある数学的要素が単純であろうと複雑であろうと，ゲームは人とつきあう機会になりますし，ほどほどの競争は学校生活のきまりきった生活に刺戟を与える機会にもなります。

　ゲームは内容が豊富ですが，難しい問題もたくさんあります。生徒たちは1人1人，まったく異なる解き方をすることがあります。そこで生ずる主な問題は，まず第一に勝つための戦略を明確にし，第二にこの戦略によってつねに勝利へと導かれることを証明することにあります。これらの点を克服するにあたって，生徒たちはいつも使っている数学的議論の仕組みや，また問題を解くにあたってそれらがどんな意味をもつのかを一層よく学ぶことになるでしょう。

　生徒は問題の形をよく理解しなければなりません。「あなたがそうするなら，私は次のようにする」ではゲームの答えになりません。正しい解の例はテキストに示してあります。

　1回の授業には，この章のゲームを多く取り入れないようにしましょう。ただし§4だけは別で，ここには終盤から

ゲームを"振り返って"分析した問題が納められています。§2「対称性」と§3「勝つ位置」の概念はそれぞれ別の時間に扱った方がよいと思われます。

数学的に考えられたゲームには多くの種類があり、ゲーム理論も数多くあります。この章では1つの理論だけを取り扱います。ゲームでは2人のプレイヤーがいて、交互に動きますが、動きをパスすることはできません。問はいつも同じで、「どちらのプレイヤーが必勝の手順をもっているか？」ということです。これは問題ではかならずしもいちいち述べませんので、注意してください。前にも述べてあることですが、*印のついた問題はほかの問題より難しくなっています。

§1　軽いゲーム——ジョークのようなゲーム

まず最初にあげるゲームはジョークのようなものです。これらの軽いゲームはゲームがいかに進行するかということとは関係ありません(問1を見てください)。先手が勝つか後手が勝つかのどちらかなのです。そのため、解は勝つための戦略とも関係がなく、問題となるのはどちらのプレイヤーが勝つかという証明だけです。

問1　6×8個の小さな四角が集まった長方形のチョコレートがあります。2人の子供が順番にそのチョコレートを折っ

§1 軽いゲーム 115

ていきますが，折ることができる場所は四角と四角の間だけです．最後に1つの四角が残るまで折っていって，折ることができなくなった方が負けです．どちらが勝つでしょうか．

解き方 1回の手で，チョコレート片は1つずつ増えます．最初には1つの塊しかありません．ゲームの最後(チョコレートを折れなくなったとき)には，チョコレートは48個の小片に分かれることになり，それまでに47手の動きがあったはずです．最後の手，つまり奇数番号の手は先手のものです．したがって，ゲームがどのように進もうとも，先手が勝ちます．

先生たちへ 軽いゲームでは生徒たちはリラックスして，問題を解く，あるいはゲームに勝つという緊張から解放されます．たとえば難しい問題をやった後，あるいは授業の最後にゲームを入れれば，非常に効果的です．生徒たちには，問題を解く前に，実際にゲームをやらせましょう．

問2 小石の山が3つあります．それぞれの山には小石が10個，15個，20個積まれています．プレイヤーは順番に，小石の山を1つ選び，それを2つの山に分けていきます．山を2つに分けることができなくなった人が負けです．どちらが勝つでしょうか．またどうしてでしょうか．

問3 1から20までの数字が一列に並んでいます．2人のプレイヤーは順に，数字の間にプラスの記号とマイナス

の記号のどちらかを入れていきます．数字の間を全部プラス，マイナスの記号で埋めたら，計算をします(記号にしたがって，足し算，引き算をします)．和が偶数なら先手の勝ちで，奇数なら後手の勝ちとすると，どちらが勝つでしょうか．それはどうしてでしょうか．

問 4 2人のプレイヤーが順に，チェス盤の上にルークをおいていきますが，相手のルークの利き筋にはおけません．ルークをおけなくなった人が負けとなりますが，どちらが勝つでしょうか．

問 5 1が10個，2が10個，黒板に書いてあります．2人のプレイヤーは順に数字を2つずつ消していきます．消した数字が同じ数字なら，2を書き加えます．消した数字が異なるときには，1を書き加えます．最後に1が残れば先手の勝ち，2が残れば後手の勝ちです．

問 6* 25と36という数字が黒板に書いてあります．先手は最初に黒板に11 (=36−25) を書きます．その次からはプレイヤーは順に黒板に書かれている2つの数字の(正の)差を，まだ黒板にその数字が書かれていない場合に限って黒板に書き加えていくことにします．数字が書けなくなった人が負けです．

問 7 (a) 9×10, (b) 10×12, (c) 9×11 という3つのチェス盤があります．2人のプレイヤーは順番に，少なくと

§2 対称性　117

も1つのマス目が残っている行か列を，1行あるいは1列ずつ塗りつぶしていきます。塗る行，列のなくなった人が負けです。

§2 対 称 性

問8　2人のプレイヤーが順番に，丸いテーブルに重ならないようにコインをおいています。コインをおくことができなくなった人が負けです。

（解き方）　この場合，先手が勝つことができます。テーブルの大きさは関係ありません。勝つためには，最初のコインの真ん中をテーブルの真ん中に合わせておきます。このあとは，後手がコインをおいた場所とテーブルの中心を結んで対称になるところへコインをおいていきます。この戦略ではコインの位置は先手の手の後，すべて対称となります。こうすると，後手にコインをおく場所があれば，先手にもかならずおく場所があることになり，先手の勝ちとなります。

問9　2人のプレイヤーがチェス盤に交互にビショップをおいていきますが，すでにおいてあるビショップの利き筋にはおけません。また，チェス盤の色には関係なくおくとします。おけなくなった人が負けです。

（解き方）　チェス盤は中心に対して対称になっていますので，対称性の戦略をとればよいと思われるかもしれません。

しかし，チェス盤には中心のところにマス目がないので，この場合，対称性は後手に有利になります。前問との類推から，これは後手の勝ちと思われるかもしれません。しかし，この場合，後手は二度目の手を打てないことさえあるのです。先手がおいたビショップが，対称においたビショップをとらえてしまうからです。

この例でわかるように，対称性の戦略を用いるときは，次のことを考慮しなくてはなりません。つまり，"対称的な動きは相手方の手によって，ブロックされたりじゃまされたりする場合がある"ということです。対称性の戦略を用いてゲームの問題を解くときには，前の手によって戦略がだめにされない対称性を見つけなければなりません。

したがって問9を解くとき，チェス盤の点の対称ではなく，線の対称を考えなければなりません。たとえば4列目と5列目の間の線を対称の線とすることができます。この線をはさんで対称な位置にあるそれぞれのマス目は，色が異なります。したがってあるマス目にあるビショップは対称的なマス目のビショップをとることはできません。ですから後手が勝つことになるのです。

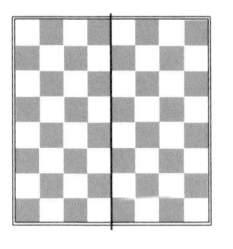

対称性の戦略というアイディアは幾何学的である必要はあ

§2 対称性

りません。つづく問題を考えてみましょう。

問 10 7 個ずつの小石の山が 2 つあります。プレイヤーは順番に，山から好きなだけ小石をとることができますが，とるのは 1 つの山からだけにかぎられています。小石をとれなくなった人が負けです。

解き方 後手が対称性の戦略を使って勝つことができます。後手は毎回，相手がとった石の数と同じだけの小石を別の山からとります。こうすると後手にはつねに手があることになります。

この問題の対称性とは，2 つの山の石の数を同じにしておくことです。

問 11 2 人のプレイヤーが順番に，チェス盤にナイトをおいていきますが，すでにおかれているナイトの利き筋にはおけません。ナイトをおけなくなった人が負けです。

問 12 2 人のプレイヤーが順番に，9×9 のチェス盤にキングをおいていきますが，すでにおかれているキングの利き筋にはおけません。キングをおけなくなった人が負けです。

問 13 (a) 2 人のプレイヤーがチェス盤にビショップをおいていきます。ビショップをおくときは，ほかのビショップの利き筋でないマス目の少なくとも 1 つに利き筋が働くようにしなければなりません。ビショップをおいたマス目も

利き筋になるとします。ビショップがおけなくなった人が負けです。

(b)* 同じゲームをルークでします。

問 14 10×10 のチェス盤があります。2 人のプレイヤーは順番に，ドミノ牌でマス目を覆っていきます。1 つのドミノ牌は幅がマス目 1 つ，長さがマス目 2 つ分あります。ドミノ牌が重なってはいけません。ドミノ牌をおけなくなった人が負けです。

問 15 11×11 のチェッカー盤のすべてのマス目にチェッカーの駒がおいてあります。プレイヤーは順番に，行あるいは列に並んでいる連続した駒を好きなだけとっていきます。最後の駒をとった人が勝ちです。

♠ チェッカーはチェスと同じく，8×8 の白黒のマス目の盤を使いますが，赤(白のこともある)と黒の丸い駒をそれぞれ 12 個使います。遊び方の説明はここでは必要ないので省きます。

問 16 小石の山が 2 つあり，それぞれ 30 個と 20 個の小石があります。プレイヤーは一度に好きなだけ石をとりますが，ただし，とるのは 1 つの山からだけです。最後の石をとった人が勝ちです。

問 17 1 つの円に沿って 20 個の点がおいてあります。プレイヤーは点の 2 つを線で結んでいきますが，すでに引かれている線と交わっていてはいけません。線を引けなくなっ

§2 対称性

た人が負けです。

問 18 ヒナギクの花びらが(a) 12 枚のものと(b) 11 枚のものがあります。それぞれの場合，プレイヤーは順番に花びらを 1 枚だけ，あるいはとなり合っている 2 枚を同時にむしっていきます。むしれなくなった人が負けです。

問 19* 縦×横×高さ が(a) 4×4×4，(b) 4×4×3，(c) 4×3×3，の 3 つの直方体があります。これらは 1 辺が 1 の立方体を積み重ねてできているとします。プレイヤーは 1 列分を直方体の辺に平行に串刺しにしていきますが，1 列の中に少なくとも 1 つ，串刺しにされていない立方体が残っているうちはこの串刺しは続行できるとします。串刺しのできなくなった人が負けです。(a), (b), (c)それぞれの場合についてこのゲームを考えてみてください。

問 20 5×10 の小さな四角からなるチョコレートを 2 人のプレイヤーが折っていきます。この場合，小さな四角の辺に沿って折らなければなりません。最初に小さな四角を 1 つだけとることのできた方が勝ちです。

問 21 2 人のプレイヤーが 9×9 のチェス盤に順に×と○をおいていきます。先手が×，後手が○です。最後に，1 行あるいは 1 列ごとに×が多い場合，先手が点をもらいます。後手も同様に，1 行あるいは 1 列ごとに○が多ければ点をもらいます。点の多い方が勝ちです。

§3　勝つ位置

問 22　ルークがチェス盤の a1 の位置に 1 つおいてあります。プレイヤーは右へ水平に，あるいは上に垂直にマス目をいくつでもとばしてルークを移動させることができます。最初に h8 のマス目にルークをおいた人が勝ちです。

　このゲームでは後手が勝ちます。戦略はきわめて単純です。a1 から h8 をつなぐ対角線上にルークをおくようにすればよいのです。先手は自分の順のときには対角線から離れるようにルークをおく以外ありません。ところが後手はふたたび対角線上にもどすことができます。最後に勝つ位置は対角線上にありますから，後手は結局そこにルークをおくことができるわけです。

　この解をもう少し詳しく見てみましょう。ここでは勝つ位置がわかっていました(つまりルークが a1 から h8 までの対角線上にあるということです)。これで次のような性質がわかります。

(1) ゲームの最終点が最後に勝つ位置である。
(2) プレイヤーは一度の手で，1 つの勝つ位置から別の勝つ位置へ動けない。
(3) プレイヤーは一度の手で，勝つ位置でないところから勝つ位置へ動くことができる。

このように勝つための位置取りを見つけてしまえば，ゲームに勝ったも同じです．手ごとに勝つ位置へ行くことこそ，勝つための戦略なのです．逆に，もしゲームの最初に設定された位置そのものが勝つ位置であれば，後手が勝つことになります．これがこの問の場合です．そうでなければ，先手が勝ちます．

先生たちへ 勝つ位置という概念は，一連の戦略を導き出しますが，これはこの節のゲームをいくつか解いてからでないと理解されません．生徒には問題をやらせる前に，実際にゲームをやらせてみることが大切です．

問 23 キングがチェス盤の a1 の位置においてあります．プレイヤーは上あるいは右へ，または対角線に沿って右上へとそれぞれマス目1つ分だけ動かすことができます．最初に h8 のマス目にキングをおいた人が勝ちです．

♠ この問題の考え方については，§4 で詳しく分析します．

問 24 キャンディの山が2つあります．1つの山に20個，もう1つには21個あります．プレイヤーは順番に1つの山のキャンディを全部食べ，残りのキャンディを2つの山(かならずしも同じ数でなくてよい)に分けていきます．先に進めなくなった人が負けです．

問 25 1×20 のマス目の両端にチェッカーがおいてあります．プレイヤーは順番にどちらかのチェッカーを別の端

の方へ，マス目1つ分，あるいは2つ分動かします。もう1つのチェッカーを飛び越すことはできません。チェッカーを動かせなくなった人が負けです。

問26 マッチが300本，箱に入っています。プレイヤーはその箱から，半分をこえないマッチを順番にとりだしていきます。とりだせなくなった人が負けです。

問27 小石の山が3つあります。最初の山には石が50個，2番目には60個，3番目には70個あります。プレイヤーは2個以上の石をもつ山をすべて2つに分けていきます。石の山を全部1つずつにした人が勝ちです。

問28 60という数字が黒板に書かれています。プレイヤーは順番に，60から何でもよいから60の約数を引いて，出た数を60と入れ替えます。次にまたこの数から約数を引きます。このようなことを順次行なっていって，最後に0を書いた人が負けです。

問29* マッチの山が2つあります。
(a) 101本のマッチと201本のマッチの山の場合
(b) 100本のマッチと201本のマッチの山の場合
プレイヤーは順番に1つの山から他方の山の約数となっている数のマッチをとっていきます。最後のマッチをとった人が勝ちです。

§4 終盤からの分析——勝つ位置を見つける方法

前の節を読んだ人は，勝つ位置を見つけるのは直感によることが多いので，難しいと感じたかもしれません．この節ではいろいろなゲームで勝つ位置を見つける一般的方法を説明しましょう．

問23を見てみましょう．チェス盤の上にキングが1個ある問題でした．この勝つ位置をさがしてみます．最後にキングが行く位置，つまりh8が決勝点です．そこでh8にプラスを書きます(図を参照)．キングが勝てる位置になるほかのマス目にも同じくプラスを書きます．また，キングが負ける位置になるマス目にはマイナスを書きます(この位置を負け位置とします)．

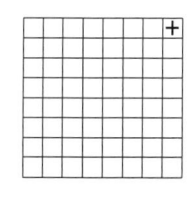

キングが勝つ位置(h8)に動く前の位置は負け位置ですが，それをマイナスで示すと次ページの図の(a)のようになります．h6とf8のマス目からは負け位置にしか進めませんから，これらは勝つ位置になります(b)．これらの勝つ位置から次の負け位置h5, g5, g6, f7, e7, e8が導かれます(c)．同様の分析をつづけていきます(d), (e)．マイナスをマス目に書いた後には，かならずそれらの負け位置に行く勝つ位置にプラスを書き，次に，少なくとも1つは勝つ位置に行けるマス目にマイナスを書きます．最終的にはプラスとマイナス

は(f)のようにおかれます。この図でプラスが書かれたマス目は前節で勝つ位置とされたマス目と一致しています。

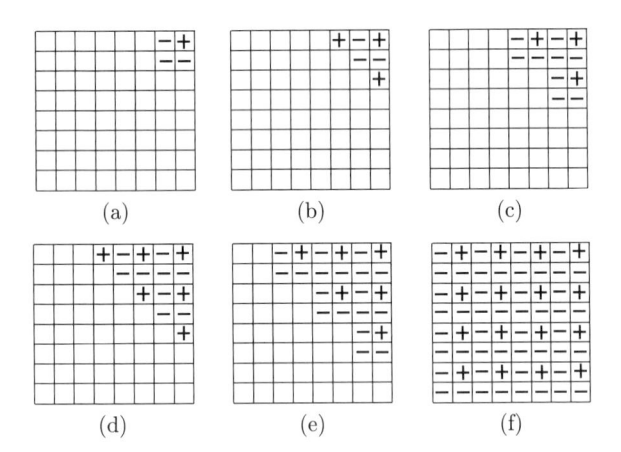

(a) (b) (c)

(d) (e) (f)

この勝つ位置を見つける方法は，**終盤からの分析**とよばれます。前節の問 22 にこれを当てはめると，勝つ位置を導き出すのは難しくありません。次の図の(a), (b)のようにすると(c)に行き着きます。

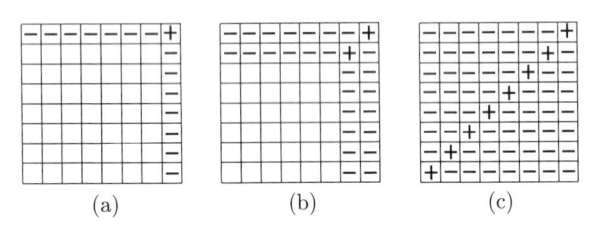

(a) (b) (c)

§4　終盤からの分析　127

先生たちへ　生徒たちはよく直感的に終盤からの分析をします。つまり，何手か前に最後を読み，勝つにはどの手をとればよいかを知り，これをゲームの残りにあてはめるのです。生徒自身で（ゲームをやりながら）この発見をすることは最上の学習方法です。

問 30　クィーンがチェス盤の c1 の位置においてあります。プレイヤーは順番に，クィーンを右，上，あるいは対角線の方向に沿って右上に，いくつの目でも動かすことができます。h8 にクィーンをおいた人が勝ちです。

解き方　終盤からの分析を用いると，プラスとマイナスは次の図のような配置になります。したがって，先手の勝ちとなります。最初の1手としては3つの手があります。つまり c5, d1, e3 です。

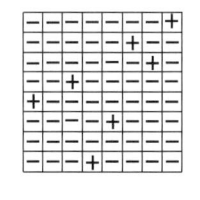

先生たちへ　このゲームは終盤からの分析へのよい導入となります。このあと，たとえば問 22, 23, 30 のチェス盤をいろいろな大きさの長方形やあるいはもっと別の形の盤に変形させて，生徒用の練習問題をつくることができます。たとえば問 22 のチェス盤から中央の4つのマス目をとりさった盤で問を考えたり，ほかのマス目をとりさった盤で問を考えることもできます。中央のマス目を4つとりさった場合の配置は図のようになります。

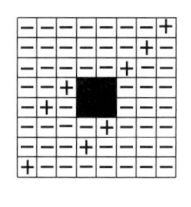

*　　　*　　　*

128　第 7 章　ゲーム

つづく問題は，生徒がゲームを別の形におきかえて考えてみるテクニックを学ぶのに役立ちます。

問 31　2 つの小石の山があり，1 つには 7 個，もう 1 つには 5 個の小石があります。プレイヤーは 1 つの石の山から好きなだけ，あるいは 2 つの山から同時に同じ数の石をとります。石をとれなくなった人が負けです。

解き方　この問題は 8×6 のチェス盤におきかえることができます。まず，チェス盤の行と列に，それぞれ上と右から 0 から 7 までの番号と 0 から 5 までの番号をふります。こうして，2 つの山の石を 2 つの数字で表わすのです。石の山の動きはチェス盤上のクィーンの動きと一致します。上に，右に，あるいは対角線に沿って右上に，という具合です。問題をこのようにおきかえると，この問題は問 30 と同じように考えることができます。この問では先手が勝ちます。問 10，16 でも同じおきかえのテクニックが使えます。

*　　*　　*

問 32　チェス盤の a1 にナイトがおいてあります。プレイヤーはナイトを右に 2 つ上に 1 つ，右に 2 つ下に 1 つ，あるいは上に 2 つ右に 1 つか，上に 2 つ左に 1 つ，動かすことができます(これはナイトのふつうの動き方ですが，方向が制限されていま

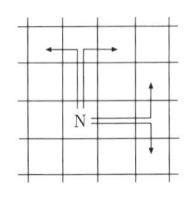

§4 終盤からの分析　129

す)。ナイトを動かせなくなった人が負けです。

問 33 (a) 7個の石の山が2つあります。プレイヤーは順番に，1つの山から1個，あるいは2つの山から1個ずつ，とることができます。とれなくなった人が負けです。

(b) 上の動きに加え，プレイヤーは1つの山から1個とって，それを2つ目の山の上におくことができます。ほかのルールは同じです。

問 34 11本のマッチの山が2つあります。プレイヤーは順番に1つの山から1本，もう1つの山から2本のマッチをとります。マッチをとれなくなった人が負けです。

問 35 この問題は0から始まります。まず先手は0に1から9までの間の1つの数を足し，後手は出た数にさらに1から9までの間の1つの数を足します。この操作を交代でつづけていきます。最初に100になった人が勝ちです。

問 36 この問題は1から始まります。プレイヤーは順番に数字に2から9までの間の1つの数を掛けていきます。最初に1000をこえた人が勝ちです。

問 37 この問題は2から始まります。プレイヤーは順番にそこに出ている数字より小さい数を足していきます。最初に1000になった人が勝ちです。

問 38 この問題は1000から始まります。先手は2の累

乗で 1000 より小さい数を引き，後手は出た数に同じ操作をします。この操作を順番にしていきます($1=2^0$ です)。最初に 0 になった人が勝ちです。

第 8 章

最初の1年用の問題

「序」で説明しましたが，この第Ⅰ部では，数学サークルにおける授業での基本的なテーマをとりあげてきました。対象は中学生程度です。しかし，これらのテーマだけがこの年齢の生徒たちに適当な数学的テーマのすべてではなく，ほかにもそういうテーマはいくつもあります。この章ではそういうテーマを含んだ問題をとりあげることにします。

先生たちへ　1つのテーマに関連する問題だけで1回の授業を行なうことは勧められません。何かふつうと違うようなアイディアが求められる変わった問題や，技術的な困難さを克服することが必要とされるような問題を含めることが望まれます。この種の問題は数学競技などでも大切です。この章ではそのような問題を集めました。

§1　論理的問題

先生たちへ　若い人に教えるときにつねに心がけなくてはいけないこと，そして一番大事なことは，彼らに首尾一貫して明快な考え

方を教えることです。つまり，原因と結果を混同しないようにするにはどうするか，問題をいかに慎重に分析するか，命題と補助定理をいかに適切につなげるか，などです。論理を扱っている以下の問題が助けになるでしょう。

問1 ピーターのお母さんが言いました。「チャンピオンは全員，数学がよくできるわ。」ピーターが言います。「僕は数学ができるから，僕はチャンピオンだね。」ピーターの言っていることは正しいでしょうか，それともまちがいでしょうか。

問2 見える側にA, B, 4, 5というしるしが書かれたカードが4枚，テーブルにおいてあります。「カードの片側に偶数が書かれていれば，その裏にはAが書かれている」ということが真であるかどうか知るためには，最低，何枚カードをひっくり返せばよいでしょうか。

問3 15セントを2枚のコインで払いました。そのうちの1枚は5セントではありません。2枚のコインはそれぞれいくらでしょうか。

問4 次の文章の(a)と(b)からテレビを持っている人はすべて毎日泳ぐわけではないと結論しました。
 (a) テレビを持っている人の中には数学者でない人がいる。
 (b) 毎日プールで泳ぐ，数学者でない人たちは，テレビ

を持っていない。
この結論は正しいでしょうか。

問5 不思議の国の裁判で，三月ウサギは，帽子屋にクッキーを盗まれたと主張しました。つづいて帽子屋とヤマネが証言しましたが，ある理由で記録されていません。裁判が進んで，クッキーはこの3人の被告のうちのただ1人に盗まれ，さらに，盗みの犯人その人が真実の証言をしたただ1人の人であることがあきらかになりました。だれがクッキーを盗んだのでしょうか。

*　　*　　*

問6 1つの箱に，少なくとも2色の色鉛筆が入っています。また，色鉛筆のサイズには2種類あります。箱には色もサイズも違う2本の鉛筆があることを示しなさい。

問7 ボールが入った壺が3つあります。1つ目には白いボールが2個，2つ目には黒いボールが2個，3つ目には白と黒のボールが1個ずつ入っています。壺にはそれぞれWW(白白)，BB(黒黒)，WB(白黒)というラベルがはってありますが，ラベルと中身はどの1つも一致していません。1つの壺からボールを1個とりだした後，それぞれの壺の中身がわかるためには，どの壺を選べばよいでしょうか。

問8 A, B, Cの3人が次のように一列に並んでいます。

AはBとCが見えますが，BはCしか見えず，Cはだれも見えません。この3人が帽子を5つ見せられました。赤い帽子が3つと白が2つです。この後3人は目隠しをされ，頭に帽子をかぶせられました。目隠しがとりはずされ，3人は自分のかぶっている帽子の色がわかるかどうか聞かれました。A，つづいてBは「いいえ」という答えでしたが，Cは「はい」と答えました。どうしてCには自分の帽子の色がわかったのでしょうか。

問9 3人の友人，彫刻家のホワイト氏，バイオリニストのブラック氏，絵描きのレッドヘッド氏がカフェテリアで会いました。「私たちの1人は髪が白く，もう1人は黒く，あとの1人は赤いけれど，名前とは一致してないね」と黒い髪の人が言いました。「そうだね」とホワイト氏が答えました。絵描きの髪は何色でしょう。

*　　*　　*

次の8つの問題はいずれもある島に関わっていますが，この島の住人はいつも真実を言う正直者か，いつもうそを言ううそつきかのどちらかです。

問10 Aが言いました。「私はうそつきだ。」この人はこの島の住人でしょうか。

問11 1本の道がありますが，それが正直者の住む村へ

§1 論理的問題　135

行く道なのか，うそつきの住む村へ行く道なのか，わかりません。ある人に聞こうと思いますが，その人がどちらの住人なのかはわかりません。この人に1つだけ質問をするとしたら，どういう質問をすればよいでしょうか。

問12　島の住人に，ペットとしてワニを飼っているかどうか聞こうと思いますが，どういう質問をしたらよいでしょうか。

問13　この島の言語では，「はい」と「いいえ」が「フリップ」，「フロップ」と聞こえますが，どちらがどちらなのかわかりません。ある人が正直者なのか，それともうそつきなのか知ろうと思ったら，その人になんと質問したらよいでしょうか。

問14　答えがいつも「フリップ」であるためには，どういう質問をしたらよいでしょうか。

問15　島の住人Aが別の住人Bの前で，「少なくとも私たちのうちの1人はうそつきだ」と言いました。Aは正直者でしょうか，それともうそつきでしょうか。Bはどうでしょう。

問16　A，B，Cの3人がいますが，そのうちの1人は正直者，1人はうそつき，最後の人はよその人で，この人はときには真実を言い，ときにはうそを言います。

Aが言いました。「私はよその人です。」
Bが言いました。「AとCはときには真実を言います。」
Cが言いました。「Bはよその人です。」
だれが正直者で，だれがうそつきで，だれがよその人でしょう。

問17 ある会議に島の住人が何人か出席しています。全員がほかの人に向かって「あなたたちはみんなうそつきだ」と言います。この会議には正直者は何人出席しているでしょうか。

§2 具体例の構成と計量

具体例を含む解をもつ数学および論理の問題はよく見られる問題で，また大変有効でもあります。生徒たちはある種の問題(たとえば「……は可能でしょうか」という言葉で終わる問題)に対しては，1つの例をつくってみることが完全な答えを導き出す助けになる，ということを理解しなくてはなりません。これらの問題は若い人たちにはきわめて魅力的であり，巧妙につくられた質問やパズルへの答えを見出すために，いろいろな例の構成に多くの時間を費やすことがあります。

問18 卵のゆで時間をはかるエッグタイマーが2つあります。1つは7分，もう1つは11分を知らせてくれます。

§2 具体例の構成と計量　137

卵を1個, 15分間ゆでたいのですが, 2つのタイマーを使ってどうやって計ればよいでしょう。

問 19 20階建てのビルにあるエレベーターには2つのボタンがついています。1つ目のボタンを押すと13階分上へあがります。もう1つのボタンを押すと8階分下へさがります(上下にそれだけの余裕がないときは, ボタンは機能しません)。13階から8階へ行くにはどうしたらよいでしょう。

問 20 黒板に458という数字が書いてあります。数字を2倍するか, 最後の桁を消すかして, 数字を14にするにはどうしたらよいでしょうか。

問 21 7, 8, 9, 4, 5, 6, 1, 2, 3と書かれたカードがこの順に一列に並んでいます。この中から連続したカードを何枚かとりだし, それらを逆の順に並べます。この操作を3回して, 1, 2, 3, 4, 5, 6, 7, 8, 9の順に並べ替えることができるでしょうか。

問 22 4×4のマス目に1から16までの数字が図(a)のように書いてあります。横並びの行のどの数字も1つずつ増やし, 縦の列のどの数字も1つずつ減らしていきます。この操作を何回か行なって(b)にすることができるでしょうか。

1	2	3	4
5	6	7	8
9	10	11	12
13	14	15	16

(a)

1	5	9	13
2	6	10	14
3	7	11	15
4	8	12	16

(b)

問 23 1から100までの数字を一列に並べます。その場合，となり合う数字2つの差がかならず50以上でなければなりません。これは可能でしょうか。

問 24 (a) 重さが1グラム，2グラム，3グラム，…，557グラムの石を同じ重さの3つの山に分けなさい。
(b) 同じ問題を1グラム，2グラム，3グラム，…，555グラムの石に対して考えてください。

問 25 4×4のマス目すべてに0でないある整数を入れます。このとき，どの2×2, 3×3, 4×4をとってもその四隅の和が0になるようにするには，どういうふうに数字を入れたらよいでしょうか。

問 26 立方体のすべての辺に1から12までの数字をつけます。それから1つの面にある4つの辺の数字を足します。どの面をとってもこの和が等しくなるように数字をおくことができるでしょうか。

問 27* 図のマルに 0 から 9 までの数字をそれぞれ 1 回だけ入れます。その場合，影のついた小さい三角の頂点の数の和をすべて等しくするにはどのように数字を入れたらよいでしょうか。

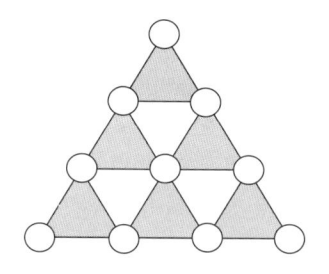

問 28 84198419…8419 という 400 桁の数があります。この数の最初と終わりからいくつか数字をとりさり，残った桁の数字の和が 1984 になるようにするには，どれをとればよいでしょうか。

問 29 2 桁の数がありますが，これにどんな 1 桁の数を掛け合わせても各桁の数の和は変わりません。もとの 2 桁の数はいくつでしょう。

問 30 2 つの連続した自然数で，どちらの各桁の数の和も 7 で割り切れる，ということはありえるでしょうか。

問 31 いくつかの正の数で，その和が 1，またそれらの数の 2 乗の和が 0.01 より小さいという数はあるでしょうか。

問32 テーブルの上に同じ大きさのコインを何個かおいて，すべてのコインがほかのちょうど3枚のコインと触れあっているようにおくことができるでしょうか．

問33 ある城には同じ大きさの四角い部屋が8×8に並んでいて，部屋のどの壁にもドアがついています．また床はすべて白く塗られています．毎朝，ペンキ屋が城の中を歩き回り，訪れた部屋の白い床を黒く，また，すでに黒く塗られている床は白く塗っていきます．いつか，すべての床をふつうのチェス盤のように白黒の格子にすることは可能でしょうか．

問34 ある倉庫には，1からNまでの番号がついたN個のコンテナーが2つの山に積んであります．フォークリフトで1つの山からいくつかのコンテナーをとり，もう1つの山の上にのせます．せいぜい$2N-1$回この操作をつづけると，コンテナーはすべて1つの山に番号の小さい順から大きな順に積み上げられることを示しなさい．

* * *

具体例を構成する問題と密接に関連している計量の問題がたくさんあります．ここにはそのような問題を集めました．これらの問題を解くにあたっては，もっとも簡単な場合や，とても起こりそうにない場合に対しても注意をはらわなくてはなりません．ふつうは "最悪の場合も考えてみよう" など

という議論は，漠然としているしつかみどころのないものなのですが．

ここでの問題では，特に注意がなければ，「計量」する秤は2つの皿がついている天秤を用いることにします．ただしこの天秤には重さを示す目盛りや針や分銅などはありません．

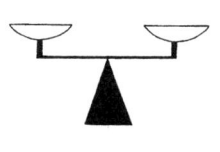

問 35 コインが9個ありますが，そのうちの1枚はにせ物です．にせ物は本物より軽いのですが，2回計量してにせ物のコインを見つけなさい．

問 36 十分たくさんのコインの入っている袋が10個あります．そのうちの1袋にはにせのコインしか入っていません．残りの袋には本物のコインだけが入っています．にせのコインは本物より1グラム軽くなっています．2つの計量皿の重さの差を示す針のついた秤を一度だけ使って，にせのコインの袋を見つけなさい．

問 37 コインが101個あります．その中の1個だけ，ほかの本物のコインと重さが違っています．そのコインが本物のコインと比べて重いか軽いか，計量を2回して見分けるにはどうしたらよいでしょう．

問 38 コインが6個あり，そのうちの2個はにせ物で本物より軽くなっています．計量を3回して，2個のにせ物を

見つけなさい。

問 39 十分たくさんのコインの入っている袋が10個あります。それぞれの袋には本物のコインだけか，にせ物のコインだけしか入っていません。本物のコインの重さは4グラムで，にせ物のコインの重さは3グラムです。重さを示す針がついていて，計量皿が1つある秤を1回だけ使って，どの袋がにせ物だけで，どの袋がそうでないかわかるでしょうか。

問 40 コインが5個あります。そのうちの3個は本物です。4個目はにせ物で本物より重くなっています。5個目もにせ物ですが，逆に軽くなっています。3回計量して，2個のにせ物を見つけなさい。

問 41 重さの違うコインが68個あります。100回計量して，一番重いコインと，一番軽いコインを見つけなさい。

問 42 重さの違う石が64個あります。68回計量して，一番重い石と，二番目に重い石を見つけなさい。

問 43 分銅が6つあります。2つは緑，2つは赤，2つは白です。それぞれの色のペアでは，一方の分銅の方が重くなっています。重い方の分銅は色に関係なく同じ重さで，軽い方も同じです。計量を2回して，重い方の分銅を見つけな

さい。

問44 コインが6個あります。そのうちの2個はにせ物で本物より 0.1 グラム重くなっています。計量皿は重さの違いが 0.2 グラム以上でないと傾きません。計量を4回して2個のにせ物を見つけなさい。

問45 （a）コインが 16 個あります。そのうちの1個はにせ物で，本物とは重さが違うことはわかっていますが，本物より重いのか軽いのかわかりません。計量を4回してにせ物を見つけなさい。

（b）* コインが 12 個あります。そのうちの1個はにせ物で，本物とは重さが違うことはわかっていますが，本物より重いのか軽いのかわかりません。計量を3回してにせ物を見つけなさい。

§3 幾何の問題

この節の問題は2つに分けられます。前半(問 46-56)は前節のつづきです。図を使って具体例を構成する問題となっています。後半はもっと標準的な幾何の問題を扱っています。

144　第8章　最初の1年用の問題

問46　右の図の9つの点を4つの線分からなる折れ線で結びなさい。

問47　正方形を5つの長方形に切り分けますが，切り分けた2つの長方形が同じ辺を共有しないようにするにはどう切ればよいでしょうか。辺の一部分を共有するのはかまいません。

問48　8本の線分からなる閉じた折れ線を描きますが，それらの線分がすべてほかのどれかの線分と1回だけ交わるようにすることは可能でしょうか。

問49　正方形を何個かの鈍角三角形に分けることができるでしょうか。

問50　線分が10本あるとき，そのうちの3本でかならず三角形をつくれる，というのは本当でしょうか。

問51　ある王様が要塞を6個所につくり，その2つずつを1本の道路でつなごうと考えています。交差点は3個所だけで，それぞれ2本の道路が交差します。そのような要塞と道路の配置図を描きなさい。

問52　平面上に6点を適当に選んで次のようにすることは可能でしょうか。「どの点もほかの4点と線分で結ぶことができ，またこれらの線分は端点以外には共通点をも

たない。」

問 53　平面を合同な五角形で覆ってしまうことはできるでしょうか。ただし，五角形は正五角形とは限りません。

問 54　3×9 の長方形を 8 つの正方形に分けなさい。

問 55　正方形は 1989 個の正方形に分けられることを示しなさい。

問 56　1 つ三角形をとります。その三角形を 3 つに切り，切り分けた 3 つの部分を並べ替えて長方形をつくりなさい。

*　　*　　*

問 57　三角形 ABC の辺 AB, BC 上に点 M, K があります。AK と CM が交わる点を O とします。OM=OK, ∠KAC=∠MCA であれば，三角形 ABC は二等辺三角形であることを示しなさい。

問 58　三角形 ABC の垂線 AK, 角の二等分線 BH, 中線 CM が点 O で交わり，AO=BO とすると，三角形 ABC は正三角形であることを示しなさい。

問 59　六角形 ABCDEF で三角形 ABC, BAF, FED, DCB, EFA, CDE は合同になっています。このとき対角線 AD, BE, CF は等しいことを示しなさい。

問 60　鋭角三角形 ABC に垂線 CH, 中線 BK を引いたとき, BK=CH, ∠KBC=∠HCB とすると, 三角形 ABC は正三角形であることを示しなさい。

問 61　四角形 ABCD の対角線 AC, BD が点 O で交わっています。三角形 ABC と ABD の周の長さは等しく, また三角形 ACD, BCD の周の長さも等しくなっています。AO=BO であることを示しなさい。

問 62　図のような星を描こうと思いますが, 不等式 BC>AB, DE>CD, FG>EF, HI>GH, KA>IK を満足するようには描けないことを示しなさい。

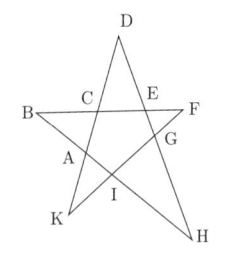

§4　整数の問題

　このテーマはすでに第 3 章「整除と余り」でとりあげました。しかし, 整数に関する問題には良いものがたくさんありますので, この節でふたたびいくつかとりあげることにしました。たとえば, 問 68-82 は第 3 章の問題を拡張したものです。ほかの問題は新しいテーマをとりあげています。

問 63　クラスの男の子が全員マフィンを買い, 女の子が全員サンドウィッチを買うとすると, 男の子がサンドウィッ

§4 整数の問題　　147

チを買い，女の子がマフィンを買う場合に比べて1セント安くなります．このクラスの男の子の数は女の子の数より多いことがわかっています．その差は何人でしょう．

問64　あるクラスでは，1人の男の子にはかならずそれぞれ3人の女の子の友だちがいます．また1人の女の子にはかならずそれぞれ2人の男の子の友だちがいます．クラスには19しか机がないことがわかっています(1つの机には2人が座れます)．生徒のうち31人はフランス語を勉強しています．生徒は全部で何人でしょう．

問65　2つのチームが十種競技で競っています．どの種目でも勝った方は4ポイントもらい，負けた方は1ポイントもらいます．引き分けの場合はそれぞれが2ポイントもらいます．10種目が終わった後，両チームのポイントは合わせて46でした．いくつ引き分けがあったのでしょうか．

問66　4人の友だちがお金を出し合ってボートを買いました．1人目は残りの3人が出したお金の合計の半分を負担しました．2人目は残りの3人が出したお金の合計の3分の1を出しました．3人目は残りの3人が出したお金の合計の4分の1を払いました．4人目は130ドルを出しました．ボートの代金はいくらでしょうか．また4人はそれぞれいくら出したのでしょうか．

問67　山の中にある2つの村をつないでいる道路は登り

と下りしかありません。バスは1時間に15キロメートルの速度で登り，1時間に30キロメートルの速度で下ります。往復にちょうど4時間かかるとすると，2つの村の間の距離はいくらでしょうか。

* * *

問 68 $ab(a-b)=45045$ を満足する自然数 a,b はあるでしょうか。

問 69 3つの連続した自然数の和を a，それにつづくもう1つの3つの連続した自然数の和を b とします。ab の積が 111111111 となることはあるでしょうか。

問 70 1985! は最後の方の桁に0がいくつか並ぶ数となります。1桁目から見ていって0でない数が最初に現われる桁があります。その桁を表わす数は偶数であることを示しなさい。

問 71 x,y という2つの自然数があって $34x=43y$ を満足しています。$x+y$ という数は合成数であることを示しなさい。

問 72 a,b という0でない整数があるとします。そのうちの1つが a と b の和で割り切れ，もう1つが a と b の差で割り切れる，ということがあるでしょうか。

問 73 2つの素数 p, q, それに自然数 n があり，次の式を満足しています．

$$\frac{1}{p}+\frac{1}{q}+\frac{1}{pq} = \frac{1}{n}$$

これらの数はそれぞれいくつでしょうか．

問 74 1を1つ，2を2つ，3を3つ，…，9を9つ用いて表わされる自然数はある数の2乗とはなっていないことを示しなさい．

問 75 自然数 a, b, c, d はそれぞれ $ab-cd$ で割り切れます．$ab-cd$ は 1 あるいは -1 であることを示しなさい．

問 76 ある国では4種類の紙幣が使われています．1ドル，10ドル，100ドル，1000ドルです．100万ドルを支払うときに，これらの紙幣をちょうど50万枚使って支払うことができるでしょうか．

問 77 数字の1が黒板に書かれています．1秒ごとにすべての桁の数字の和だけ，もとの数字を増やした数に書き直していきます．その数が 123456 となるときがあるでしょうか．

問 78 3999991 は素数でないことを示しなさい．

問 79 (a) 各桁の数字がすべて違っている7桁の数で，各桁に現われるそれぞれの数で割り切れるような数を見つけ

なさい。

(b) 同じく各桁の数字がすべて違っている 8 桁の数で，各桁に現われるそれぞれの数で割り切れるような数はあるでしょうか。

問 80 19^{100} のすべての桁の数字の和を出します。出た数のすべての桁の数字の和を出します。この操作を数が 1 桁になるまでつづけます。最後の数はいくつでしょうか。

問 81 どのような素数も 30 で割ったときの余りは 1 か素数であることを示しなさい。

問 82 各桁の数字の積が 1980 になる自然数はあるでしょうか。

*　　*　　*

問 83 ある自然数は 2 で終わっています。この 2 を数の先頭に移すと，もとの数の 2 倍となりました。この性質をもつ最小の数を見つけなさい。

問 84 $\overline{abc-def}$ が 7 で割り切れる 6 桁の数 $\overline{abcdef}$ があります。この数も 7 で割り切れることを示しなさい。

♠ 問 84 で $\overline{abc}$ と書いてあるのは各桁の数がそれぞれ a, b, c であるような 3 桁の数のことです。数字を用いるときには，289 も $\overline{289}$ も同じことでこの表わし方は必要ないのですが，文字表記では

$$\overline{abc} = a \times 10^2 + b \times 10 + c$$

ということになります(第 10 章 §2 参照)。

問 85 ある自然数の各桁の数の順を逆にした数が，もとの数の 4 分の 1 となるような最小の自然数を求めなさい。

問 86 3 桁の自然数で，1 桁目と 3 桁目の数の差が少なくとも 2 あるとします。この自然数と，これをひっくり返した自然数の差を出します。そしてこの差を，この差をひっくり返した自然数に足します。この和は 1089 となることを示しなさい。

* * *

問 87 2^{300} と 3^{200} ではどちらが大きいでしょうか。

問 88 31^{11} と 17^{14} ではどちらが大きいでしょうか。

問 89 50^{99} と 99! ではどちらが大きいでしょうか。

問 90 888…88×333…33 と 444…44×666…67 (どちらも 1989 桁あります)ではどちらが大きいでしょうか。

問 91 6 桁の数の中で，2 つの 3 桁の数の積でできているものと，そうでないものとではどちらが多いでしょうか。

* * *

問 92 同じ形の紙の三角形がいくつかあります。それぞ

れの三角形の頂点に 1, 2, 3 と番号をつけます。これらの三角形を三角柱をつくるように積み上げていきます。三角柱の辺に沿って数を足していきますが，それをすべて 55 にできるでしょうか。

問 93　1 つの円のまわりに整数を 15 個おきます。そこに並んでいる 4 つの数字を足すと，それがいつも 1 か 3 になるということがあるでしょうか。

問 94*　その和がその積に等しいという自然数 1000 個を見つけなさい。

問 95　2^{1989} と 5^{1989} という数字を順に書き並べます。桁数は全部でいくつあるでしょうか。

問 96　あるところのバスの切符には 6 桁の数字がついています。6 桁の最初の 3 桁の数の和と，下 3 桁の数の和が同じ場合には皆が「ラッキィ！」と言います。「ラッキィ」な切符の総数は，各桁の数の和が 27 である切符の総数に等しいことを示しなさい。

§5　いろいろな問題

問 97　あるクラスの生徒のうち 14 人はスペイン語，8 人はフランス語を学んでいます。両方を勉強している生徒も 3 人いることがわかっています。生徒は少なくとも 1 つの言

§5 いろいろな問題　153

語を学んでいるとすると，このクラスの生徒の数は何人でしょうか。

問 98　平面が 2 色に塗られています。同じ色で塗られている 1 メートル離れた 2 点があることを示しなさい。

問 99　1 本の直線が 2 つの色で塗られています。0 でない長さの線分で，その始点と終点と中点が同じ色の線分を見つけることができることを示しなさい。

問 100　8×8 の四角が 1×2 のドミノ牌でできています。あるペアは 2×2 の四角をつくることを示しなさい。

問 101　3×3 のマス目に数字が書いてあります。2×2 の四角を選んで，その中のすべての数字を 1 つずつ増やします。この操作を何回かして，0 だけ書いてあった表を右のような表にすることができるでしょうか。

4	9	5
10	18	12
6	13	7

問 102　バスに許容最大人数の 50% をこえる人が乗っているとき，このバスは過密であるといいます。子どもたちが何台かのバスに乗ってサマーキャンプに出かけます。過密のバスのパーセンテージと，過密のバスに乗っている子どものパーセンテージとで，大きいのはどちらでしょうか。

問 103 ある市では 6-11 歳を対象にした数学コンテストがあり，それぞれの年齢向けの問題リストには 8 つの問題が書かれています．またそれらのリストには，ほかの年齢向けの問題リストに含まれていない問題が 3 つずつあります．コンテストの委員会が用意する問題は最大いくつでしょうか．

問 104 ある学校の生徒たちが，縦横の列で長方形になるように並んでいます．それぞれの縦の列の中で一番背の高い生徒が選ばれましたが，選ばれた生徒の中で一番背が低かったのはジョン・スミスでした．つづいて，横のそれぞれの行から一番背の低い生徒が選ばれましたが，選ばれた生徒の中で一番背が高かったのはメアリ・ブラウンでした．ジョンとメアリ，どちらが背が高いでしょうか．

問 105 正五角形の頂点に 3 つのポーンをおきます．ポーンがおいてある頂点から出ている対角線の反対側にある頂点が空いていればそこにポーンを移すことができます．この操作を何回かしたあと，1 個はもとの場所にもどり，残りの 2 個は場所を入れかえる，という状況にすることができるでしょうか．

問 106 0 ではない a, b, c, d, e, f という数があります．ab, cd, ef, $-ac$, $-be$, $-df$ という数の中には正の数と負の数，両方があることを示しなさい．

§5 いろいろな問題　155

問 107* ルービック教授がかの有名な 3×3×3 のキューブを斧で割ろうとしています。キューブを 27 個のキューブに分けるとしたら，最低何回，斧をふるえばよいでしょうか。ただし，割った部分をほかの部分の上において，一度にそれらを割ってもよいとします。

問 108 方眼紙のマス目を 8 色に塗りました。この用紙から右のような形を選んだとき，そのなかの 2 つのマス目には同じ色が塗られているものがあることを示しなさい（ただし，回転，裏返しをした形でもよい）。

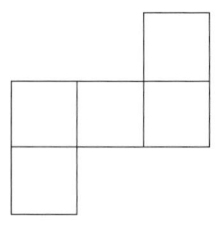

問 109 6 桁の数字があります。7 桁の数字のうちの 1 つを消して，この数字になるような，7 桁の数字はいくつあるでしょうか。

問 110 確実に「ラッキィ」なバス切符を買うには，つづきの番号を何枚，買わなくてはならないでしょうか。（「ラッキィ」の定義は問 96 にあります。切符には連続の番号がつけられていて，999999 の後は 000000 となります。）

問 111* バレーボールのリーグ戦が行なわれ，すべてのチームはほかの全チームと 1 回だけ試合をしました。A チームが B チームを破ったとき，あるいは A チームが C チー

ムを破り，CチームがBチームを破ったときにはAチームがBチームより優れているとします。リーグ戦に優勝したチームはほかのすべてのチームより優れていることを示しなさい。

問112*　方眼紙から 20×30 の長方形を切りとりました。この長方形の中の 50 個のマス目の内部を通る直線を引くことができるでしょうか。

問113　1 から 64 までの数字がチェス盤のそれぞれのマス目に書いてあります。数字は一度だけしか使われていません。隣接するマス目のペアで，数字が少なくとも 5 違うようなペアがあることを示しなさい。

答え，ヒント，解き方

第 0 章　はじまり

問 1　時間をさかのぼって考えると，60 秒後にコップが一杯になったのであれば，コップが半分だったのはその 1 秒前ということになります．答えは 59 秒後です．

問 2　3 人のうちの 1 人，たとえばアレックスが 3 人分のバス代として 15 チップを支払います．残りの 2 人はそれぞれアレックスに 5 チップずつ借りができますが，返すのは簡単です．アレックスに 20 チップを渡しておつりを 15 チップもらえばよいのです．

問 3　この問題を解くカギは，破られた部分の最初のページ数と最後のページ数とはパリティ(偶奇性)が反対になっているということです．これは 1 ページだけ破りとった場合を考えてみれば簡単に理解できます．1, 3, 8 という数字の組み合わせのなかで，奇数の 183 より大きい偶数の組み合わせとしては 318 しかありません．318−183+1=136 となり，これが答えです．

問 4　ほとんどの人は，青虫が 1 日で登れるのは結局 1 センチメートルだから，ポールの先端にとどくのは 75 日目だと答えるでしょう．しかし，70 日目には青虫は 70 センチメートルまでたどりつきますから，その翌日の昼に残りの

5センチメートルを登ればよいのです．青虫は71日目の昼の終わり(71日目の夜が始まる前)にポールの先端にとどく，が答えです．

問5 この天秤ではくぎを同重量に2つに分けることしかできません．したがって，最初に全体を2つに分け，次にまた2つに分けるということを繰り返せば，12キログラム，6キログラム，3キログラムのくぎの山が得られます．3キログラムから9キログラムを出すのは簡単です．

問6 どの月でも，1日，8日，15日，22日，29日は同じ曜日です．1月は31日ありますから，1日がある曜日から始まるとすると，その曜日はその月に5日あり，つづく2日間の曜日もその月に5日あることになります．問題の1月1日が土曜日，日曜日あるいは月曜日ということはありえません(もしそうなら，月曜日が5日あることになりますから)．同じく，水曜日，木曜日あるいは金曜日に始まるということもありえません(もしそうだとすると，金曜日が5日あることになりますから)．したがって，1月1日は残る火曜日であり，簡単な計算で20日が日曜日とわかります．

問7 この対角線を左上隅から右下隅に引くとします．そしてその対角線が通るマス目をすべて黒く塗ります．それから横の行ごとに，黒く塗られたマス目のなかでもっとも左端にあるマス目にRの印をつけます．同様に，縦の列ごとに，黒く塗られたマス目のなかでもっとも上にあるマス目にCの印をつけます．これで黒いマス目には少なくとも1つの

印がついているはずです。左上隅のマス目にだけは 2 つ印がついています。したがって，黒いマス目の数は R と C の印のついたマス目の和から 1 を引けば得られます。答えは 199+991−1=1189 です。

この解について説明しておきましょう。まず黒いマス目にすべて印がついているのはなぜでしょうか。たとえば A というマス目に印がついておらず，その左側と上のマス目が黒いなら，つまりこれらのマス目は対角線と交わっているということになるのですが，しかしこれは不可能です。次に，黒いマス目に R と C の両方の印がついていたら，その行の左側とその列の上には黒いマス目がないはずです。これはつまり，対角線がこのマス目の左隅から入っていることになりますが，これも不可能です。この理由はかなり複雑になります。（つまり，199 と 991 は互いに素であるためですが，この章ではこれには触れません。）

問 8 5 ができるだけたくさん左の方にある方が数は大きくなります。このようにするには，最初の 1234 という 4 つの数字をとり，つづいて次の 1234 もとります。その次の 1234 もとりたいところですが，とりされるのはあと 2 つの数字だけです。したがって，その中の小さい数字，1 と 2 をとります。残った 553451234512345 が求める最大の数となります。

問 9 この言葉のいわれた日と，ピーターの次の誕生日との間にどうすれば最大の日数をおけるか，考えます。彼がこ

ういったのが 1 月 1 日，彼の誕生日が 12 月 31 日とすると最大の日数がおけます．次の年の最後の日には 13 歳になることになります．

問 10　答えは「いいえ」です．できごと A(雨が降る)がいつもできごと B(猫のクシャミ)を引き起こすとしても，B が A の原因になるということを意味するわけではありません．これは非常によくある論理的間違いの例で，文章をひっくり返したときに混乱したのです．

問 11　円は 12 個描いてあります．5 つが紙の表側，7 つがその裏側です．これが説明として可能な唯一のものです．

問 12　可能です．教授は女性なのです．

問 13　3 匹目の亀がうそをついたのです．

問 14　この学者はこう考えたのです．「もしわたしの顔がきれいなら，同僚のひとりは，もう 1 人が何かに笑っているのを見て，自分の顔がススでみっともないからだと気づいたはずだ．しかし，彼は笑っているのだから，それはわたしの顔がススで汚れているのを見て笑っていることになる．」

問 15　もちろん，紅茶の中のミルクの割合と，ミルクの中の紅茶の割合は同じです．2 つのコップの中のミルク(あるいは紅茶)の総量は変わらないのですから．

答え，ヒント，解き方(第0章)　　161

問 16 右の図を見てください。すべての答えはこの図を回転あるいは鏡映して得られます。

4	3	8
9	5	1
2	7	6

問 17 そこには95343人の恋人たちがいます。そこ(THERE)を最大とするようなLOVES+LIVEの答えは87130+8213=95343となります。

問 18 答えは1つしかありません。51286+1582=52868。ヒント：L+L<10，　S+S≧10。そうでないとBASESの100の桁と1の桁の数字が同じでないことになってしまいます(B≠Eです!)。

問 19 127ドルを1+2+4+8+16+32+64のように分けます。

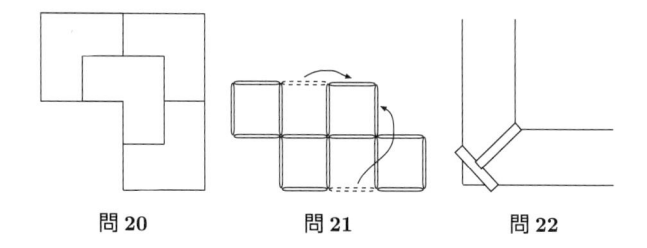

問 20　　　　　問 21　　　　　問 22

162　答え，ヒント，解き方(第1章)

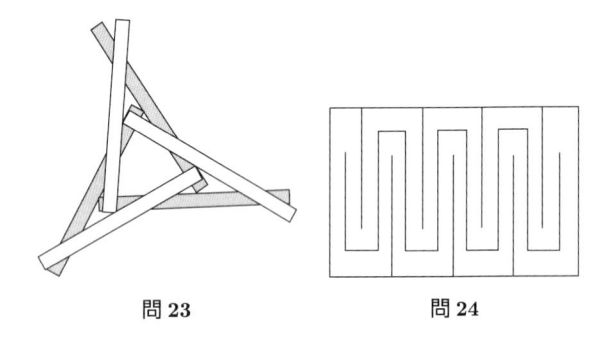

問 23　　　　　　　　　**問 24**

問 25　図のようにコインを4枚とります。

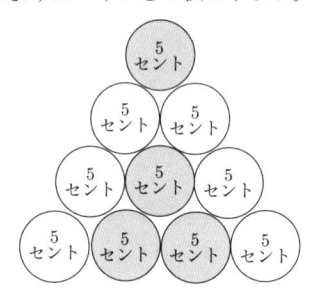

第1章　パリティ（偶奇性）

問 2　ナイトはいつも1つの色から別の色のマス目に動きます。つまり，ナイトが占めるマス目の色は，白，黒，交互に変わるのです。もしもとの色(同じ位置)にもどるのなら，

答え，ヒント，解き方(第1章) 163

動きは偶数回でなければなりません。

問4 答えは「できない」です。そのような直線があると仮定しましょう。この直線は平面を2つの半平面IとIIに分けます。11個の線分でできた多角形の頂点で半平面Iの側にあるものを1つとります。この頂点から出発して閉じた道を一周する点を考えます。線分が直線と交わると，動点のある場所はIからIIへ，またはIIからIへと変わります。したがって1つの線分を通るたびに点のある半平面I, IIは交代します。11個の線分をまわり終わったとき，点はIIの側にあることになり，出発点にもどっていません。

問5 答えは5人です。もし誰かのとなりがその子の性別と同じなら，子どもたちは全員同じ性でなくてはなりません。つまり，男の子と女の子は交互に並んでいなくてはならず，そうすると男の子と女の子の数は同じということになります。

問7 答えは「できない」です。この面には25のマス目があります。1個のドミノ牌は2個のマス目を覆うのですから，ドミノ牌で覆えるのは偶数個のマス目ということになります。

問8 対称軸が頂点を通らない場合でも，101の頂点は対称に分割されなくてはなりません。101は奇数ですから，これは不可能です。しかし正10角形を見ると，これを対称に分割する中心線はどの頂点も通る必要はありません。

問9 ドミノ牌を一列に並べると，数字を表わす印がペア

となって並びます。1セットのドミノには5の印が8個ありますから，最後の牌も5となります。

　問 10　答えは「いいえ」です。これは矛盾で証明します。もしそのような列がありうるとして，1, 2, 3のうちの1つの数字が列の端にはないとします。3がそうだとしましょう。3は列の中にペアで並んでいなくてはならず，そうすると3は偶数個存在することになります。しかし，0のついた牌が除かれているために，3のついた牌は7つしか残っていません。したがって矛盾しています。

　問 11　答えは「いいえ」です。13角形を平行四辺形に分割できると仮定しましょう。13角形の辺の1つを選んで，それにくっついている平行四辺形を考えます。その辺の反対の辺を2つ目の平行四辺形の辺とします。この2つ目の平行四辺形は1つ目の平行四辺形と平行な辺をもう1つもっています。こうして平行四辺形をくっつけていって，13角形の辺にたどりつくまで鎖を増やしていきます。この辺は，13角形の最初の辺と平行なはずです。凸13角形には互いに平行な3つの辺はありません。もし13角形を平行四辺形に分割できるのなら，平行な辺のペアがあるはずだ，ということになります。13は奇数ですから，これは不可能なのです。

　問 13　中央のマス目には駒がないと仮定しましょう。そして1本の対角線に対してペアとなる駒すべてを糸で結びます。それからすべての駒を糸で結ばれたネックレスのグループに分けます。どのネックレスにも2つあるいは4つ

の駒があるはずです。つまり，駒数をすべて合計すると偶数になるのです。したがって仮定は矛盾しています。

問14 たとえば，どの行にも1があることを考えれば，この表には1が15個なければならないことは容易にわかるでしょう。問12に1をあてはめれば，1本の対角線に沿って少なくとも1つは1がなければならないことになります。同様に考えれば，対角線には2, 3, … があることになります。そのように考えたときの例の1つを示します。

1	2	3	4	5	6	7	8	9	10	11	12	13	14	15
2	3	4	5	6	7	8	9	10	11	12	13	14	15	1
3	4	5	6	7	8	9	10	11	12	13	14	15	1	2
4	5	6	7	8	9	10	11	12	13	14	15	1	2	3
5	6	7	8	9	10	11	12	13	14	15	1	2	3	4
6	7	8	9	10	11	12	13	14	15	1	2	3	4	5
7	8	9	10	11	12	13	14	15	1	2	3	4	5	6
8	9	10	11	12	13	14	15	1	2	3	4	5	6	7
9	10	11	12	13	14	15	1	2	3	4	5	6	7	8
10	11	12	13	14	15	1	2	3	4	5	6	7	8	9
11	12	13	14	15	1	2	3	4	5	6	7	8	9	10
12	13	14	15	1	2	3	4	5	6	7	8	9	10	11
13	14	15	1	2	3	4	5	6	7	8	9	10	11	12
14	15	1	2	3	4	5	6	7	8	9	10	11	12	13
15	1	2	3	4	5	6	7	8	9	10	11	12	13	14

問16 答えは「いいえ」です。1ページの表裏についている数字を足すと奇数になりますから，25ページ分を足しても奇数にしかなりません。しかし1990は偶数です。

問17 あきらかに整数は $+1$ か -1 です。積が正なのですから，-1 は偶数個あるはずです。もし和を0とすると，

−1 は 11 個なければならないことになりますが，これは矛盾しています。

問 18　答えは「いいえ」です。与えられた素数のうち，2 だけが偶数で，あとはすべて奇数となります。2 を含む列の合計は奇数となり，ほかの列の合計は偶数となってしまいます。

問 19　答えは「いいえ」です。1 から 10 までの和は 55 で奇数です。数字のあいだのプラス，マイナスの記号を変えると，和は偶数だけ変わります。したがって，合計はつねに奇数ということになります。

問 20　証明は問 19 と同じです。1+2+3+…+1985 は奇数です。

問 21　答えは「いいえ」です。このような操作をしても，黒板に残っている数の和のパリティは変わりません。最初が奇数なのですから，和が 0 になることはありえません。

問 22　答えは「いいえ」です。どのドミノ牌も白と黒のマス目を 1 つずつ覆うことになります。しかし，もし a1 と h8 とを残すのなら，黒のマス目を 2 個，余分に残すことになってしまいます。

問 23　17 桁の数があって，それをひっくり返した数との和には偶数の桁が含まれないと仮定しましょう。わかりやすくするために，この 2 つの数の桁の右から左に順番をつけます。そしてふつうの足し算の計算法を考えます。数の 9 桁目(中央の数字です)をとりあげて足してみます。8 桁目の

合計からの繰り上げがなければ，答えは偶数になってしまいます。したがって繰り上げがあることになりますが，そうすると 10 桁目から 11 桁目にも繰り上げがあることになります(10 桁目と 8 桁目は同じですから)。したがって 7 桁目も同じパリティである以上，6 桁目からの繰り上げが必要となります。

このようにして，和の奇数桁目にはかならず繰り上げがあることがわかります。しかし，1 桁目には繰り上げがありません。したがってすべてが奇数になるというのは矛盾しています。

問 24 答えは「いいえ」です。1 人の兵隊はつねにほかの 2 人の兵隊と見張りに立ちますから，もしこの兵隊が全員と一度だけ一緒に見張りに立つとすると，彼を除いた 99 人の兵隊は 2 人ずつのペアにならなければなりません。99 は奇数ですから，これは矛盾しています。

問 25 線分 AB の外側にある点 X を 1 つとって考えると，AX−BX=±AB となります。A からの距離と B からの距離の和が同じとすると，45 すべての距離を足した ±AB±AB±⋯±AB の答えは 0 になるはずですが，これは不可能です。

問 26 何回かの操作のあとに初めて同じ数字になったときを考えましょう。もし 1 が 9 つ残ったとしたら，操作が加わる前には 1 が 9 つあるいは 0 が 9 つあったことになりますが，これは '初めて' ということに反します。もし 0 が

9つ残ったとしたら，操作の前には 0 と 1 が交互に並んでいなければなりません．しかし，最初には奇数個，つまり 9 つの数しかなかったのですから，これは不可能です．

問 27 生徒たちに番号をふってみましょう．そして，両どなりが男の子である生徒はいないと仮定して矛盾を導く証明の方法を使ってみましょう．k 番目に男の子がいるとします．すると $k-1$ と $k+1$ の場所のどちらかには女の子がいることになります．$k+1$ が女の子とすると $k+2$ は男の子であるはずがありません．（そうでないと，この女の子の両どなりが男の子になってしまいます．）$k+1$ が男の子なら，$k+2$ には女の子が座っていることになります．（そうでなければこの男の子の両どなりは男の子ということになりますから．）同じように考えると，$k-2$ には女の子がいなければならないことになります．

同様の推理をつづけて，50 を法とする数（第 10 章参照）で考えます．k 番目に女の子がいるのなら，$(k-2)$ 番目と $(k+2)$ 番目には男の子がいることになります．偶数の場所に座っている 25 人の生徒に注目するのなら，男の子と女の子が交互にテーブルのまわりに座っていることになります．しかし 25 は奇数ですから，これは不可能です．

♣ この問題では，単に男の子と女の子が座っている状況の対称性を考えるだけでなく，推論も最後まで完全にできるようにしましょう．

問 28 このかたつむりは，N 個の垂直の線分の上を通っ

答え，ヒント，解き方(第1章)　169

て「うち」へ帰るとします．すると，かたつむりは同時に N 個の水平の線分の上も通ることになります．これをいっしょにすると，$2N$ の線分を通り，$30N=(2N)15$ 分を経過したことになります．このかたつむりが「うち」へ帰ったとすると，N は偶数となります(上方への動きの回数は下方への動きの回数と同じで，その合計が N です)．$2N$ は 4 の倍数ですから，$2N×15$ を 4 で割った数が，もどるまでの時間数ということになります．

問 29　答えは「いいえ」です．まずバッタに A, B, C という名前をつけましょう．ABC, BCA, CAB という位置を正とし，ACB, BAC, CBA を負としましょう．1 回のジャンプのあと，位置は正から負へ，あるいはその逆になります．1991 は奇数ですから，負で終わります．

問 30　まず，ピーターが選び出したコインを脇にどけ，残りのコインを 50 個ずつ 2 つに分けます．そして 2 つの山を天秤にかけて重さをみます．もし，脇にどけたコインが本物なら，重さの違いは偶数になりますし，コインがにせ物なら，違いは奇数になることを示してみます．

まず，選んだコインが本物としましょう．もし，残りの本物のコイン全部の重さを知っていれば，±1 に等しい数を 50 個足してにせ物のコインの重さを量ることができます．つまり，本物 50 個を一方の皿にのせ，にせ物 50 個を別の皿にのせると，重さの差は偶数になるということです．この状態から推論をスタートさせます．さてこのときそれぞれ

の皿からコインを1つずつ選んで入れ替えると，重さの差は±2で変化します。このようにコインの交換をつづけていきます。交換するときに，コインが同じ種類であれば，重さの差は変わりません。もし一方が本物なら，差は±2で変化をします。一方が重いにせ物で他方が軽いにせ物なら，差は±4で変化します。いずれにしても，コインの交換はこの差のパリティを保ちつづけます。もとの状態から交換をつづけていって，コインがどのような割合になっても，パリティはいつも偶数なのです。

同じように，もし選んだコインがにせ物の場合，差は奇数となります。にせ物を全部，秤の一方の皿にのせると(そして本物を別の皿に)，重さの差は奇数となります(差 +1 あるいは −1 の 49 の合計)。コインの交換をしても，この違いのパリティは変わりません。にせ物のコインを選ぶと，差は奇数となるのです。

問 31 答えは「いいえ」です。数が質問のように並んだと仮定しましょう。1から9までの数がおかれている場所に左から右へ番号をつけます。もし1のある場所の番号を N とすると，2のおかれている場所の番号と N とは偶数の差があることになります。同じことは2と3，3と4，…でもいえます。つまり，数字のある場所の番号はみな同じパリティをもつということです。9つの数字があるとすれば，同じパリティをもつ番号はせいぜい5つしかありませんから，これは矛盾しています。

答え，ヒント，解き方(第 2 章)　　171

第 2 章　組み合わせ(1)

問 28　封筒それぞれに対して，切手の中から 1 枚を選ぶことができますから，答えは 5·4=20。

問 29　この言葉には異なる母音が 2 つ，子音が 3 つあり，それらを組み合わせると答えは 2·3=6。

問 30　どれを選んでもいいわけですから，選択の数だけ，掛け合わせます。答えは 7·5·2=70。

問 31　切手の場合，どの切手とでも交換可能なのですから，20·20 通りの方法があります。絵ハガキの場合も同じように 10·10 通りの方法があります。したがって答えは 20·20+10·10=500 通りです。

問 32　2 つの場合が考えられます。数字がすべて奇数の場合と，すべて偶数の場合です。奇数の場合は，6 桁の数字に $\{1,3,5,7,9\}$ を使うことになり，したがって 5^6 通りとなります。しかし偶数の場合は，左端の桁に 0 をもってこられないため，奇数の場合と少し計算方法が違います。つまり $4·5^5$ 通りとなり，答えは 2 つの場合を足して，$5^6+4·5^5=28125$ 通りとなります。

問 33　1 通の手紙は 3 通りのやり方で送ることができます。したがって，答えは $3^6=729$ となります。

問 34　まず，種類を選びます。たとえばスペードを選ぶと 13 枚あります。次にクラブを選びますが，その場合同じ

数字ではだめなので，12枚の中から選ぶことになります。つづいてダイヤを考えると11枚，最後のハートの場合は10枚となります。種類の選択の順番を変えても結果は変わりません。答えは $13 \cdot 12 \cdot 11 \cdot 10$ です。

問 35 棚に何冊おくかによって，5つの場合が考えられます。まず，1冊だけをおくとします。すると5通りの方法があります。2冊おく場合は，2冊目の選択は4冊の中からすることになりますから，$5 \cdot 4$ 通りとなります。同じように3冊，4冊，あるいは5冊全部をおく場合を考えることができます。答えは $5+5 \cdot 4+5 \cdot 4 \cdot 3+5 \cdot 4 \cdot 3 \cdot 2+5 \cdot 4 \cdot 3 \cdot 2 \cdot 1 = 325$。

問 36 チェス盤は 8×8 です。盤面の横を行，縦を列とすると，どの行にもルークが1つあることになります。別のルークの利き筋にあたるかどうかは，ルークをどの列におくかによります。行にそれぞれ1から8までの数字をつけると，2つのルークがそれぞれの利き筋にあたるのは2つが同じ番号の列にいるときだけです。したがってこの問題は，8個のものをどのように一列に並べるかという，おなじみの問題であることがわかります。答えは $8! = 40320$。

問 37 この問題は前の問題とよく似ています。男の子を行，女の子を列と考えると，チェス盤のマス目それぞれが男の子-女の子の1つのペアを表わしています。'利き筋でない'ルークの並べ方が，この場合の可能なペアとなります。答えは $N!$。

問 38 問23の答えを見てください。つまり，プレイヤー

は n 角形の頂点にあたり，対角線ととなり合う 2 つの辺がゲームにあたります。答えは $18 \cdot 17/2 = 153$。

問 39 答えは次のようになります。

(a) $(28 \cdot 56 + 20 \cdot 54 + 12 \cdot 52 + 4 \cdot 50)/2 = 1736$

(b) $(4 \cdot 61 + 8 \cdot 60 + 20 \cdot 59 + 16 \cdot 57 + 16 \cdot 55)/2 = 1848$

(c) $(28 \cdot 42 + 20 \cdot 40 + 12 \cdot 38 + 4 \cdot 36)/2 = 1288$

この問題を説明するために(a)を証明してみましょう。チェス盤の端には 28 のマス目があります。1 つ目のビショップをこのどれかにおくと，8 マス(自分の位置も含めて)に利き筋があります。したがって，2 つ目のビショップは，残りの 56 マスにおくことになります。端の 28 のマス目の 1 つ内側には 20 のマス目があります。これらのマス目に 1 つ目のビショップをおくと，利き筋は 10 マスになり，2 つ目のビショップは，残りの 54 マスにおくことになります。同様に，もう 1 つ内側の列には 12 マスあり，このどれかに 1 つ目のビショップをおくと，利き筋は 12 マスになります。最後に中央の 4 マスにおくと，利き筋は 14 マスになります。これらを合計しますが，出てきた数字は同じ状態を二度数えていますので，総数を 2 で割ります。(2 つのビショップの区別はしません。)

問 40 この問題は次のように書きかえることができます。りんごを 2 個，なしを 3 個，オレンジを 4 個，一列に並べるには何通りの方法があるでしょうか。解き方は問 17-21 と同じです。答えは $9!/2!\,3!\,4!$。

問 41 1人を1人部屋へ，2人を2人部屋へ，残りの4人を4人部屋に振り分けるというのは，つまり学生を一列に並べることと同じです．一列に並べてから1番目の学生を1人部屋に入れ，次の2人を2人部屋に入れ，残った4人を4人部屋に入れるとよいからです．しかし，振り分けるやり方はいくつかあります．2人組と4人組のなかで一列に並んだ学生の順番を入れ替えることができるからです．(1人部屋でもそうすることができるのですが，だれにもその努力はわかってもらえないでしょう．) 2人組と4人組の可能な組み替えは 2! と 4! ありますので，これらの数字(2! と 4!)で組み合わせの総計(つまり 7! です)を割ります．したがって答えは 7!/1! 2! 4!．

問 42 前問と同じ計算方法を使うと，答えは 8!/2! 2! 2!．

問 43 答えは A が 5 つと，B が 0, 1, 2, 3 個出る単語のそれぞれの数の総和，すなわち 4 つの数の和 1+6!/5! 1!+7!/5! 2!+8!/5! 3!=84 となります．

問 44 ヒント：問題の性質をもたない 10 桁の数を数えましょう．答えは $9 \cdot 10^9 - 9 \cdot 9!$．

問 45 すべての桁に 1 を含まない数は $8 \cdot 9^6$ 個で，$8 \cdot 9^6 < 9 \cdot 10^6 - 8 \cdot 9^6$ ですから，1 を含む数の方が多いことになります．

問 46 6 の出ない組み合わせは 5^3 です．したがって答えは $6^3 - 5^3 = 91$．

問 47 最初のペアの組み合わせは $\binom{14}{2} = \dfrac{14 \cdot 13}{2!}$ 通りあ

ります。2つ目のペアは $\binom{12}{2}$ となり，以下，同じようにつづきます。したがって $\binom{14}{2} \cdot \binom{12}{2} \cdots \binom{2}{2}$ という積が得られます。しかし，7組のペアはこのやり方では 7! 通りの方法でつくることができます。したがって答えは $\binom{14}{2} \cdot \binom{12}{2} \cdots \binom{2}{2}/7!$ となり，これは $13 \cdot 11 \cdot 9 \cdot 7 \cdot 5 \cdot 3 \cdot 1$ と等しくなります。

♠ 記号 $\binom{m}{n}$ は m 個のものから n 個のものをとりだす組み合わせの数を示します。第 11 章「組み合わせ(2)」を参照してください。

問 48 最初の 8 桁の数字は勝手に選ぶことができます。この組み合わせは $9 \cdot 10^7$ あります。最後の 1 桁目の数字は 5 つのなかから選ぶことになります。(最初の 8 桁の数字の合計が奇数なら 5 つの奇数のなかから 1 つを選ぶことになりますが，そうでなければ最後の数字も偶数となり，この選び方も 5 通りです。) したがって答えは $9 \cdot 10^7 \cdot 5 = 450000000$。

第 3 章　整除と余り

問 1 答えは，(a) 4，(b) 6，(c) 9，(d) $(n+1)(m+1)$ です。最後の答えは最初の 3 つを一般化したものなので，それを証明してみましょう。$p^n q^m$ の約数は，$0 \leq i \leq n$ および $0 \leq j \leq m$ をみたす i, j によって，$p^i q^j$ で与えられます。したがって，約数の選択は，上記の不等式を満足する 2 つの整数の選択と等しいことになります。2 つのうちの最初の

i は $n+1$ 通りの選び方があり，2 番目の j は $m+1$ 通りの選び方があります．2 つの選び方の総数を掛け合わせると答えになります．

問 3 (b) は (a) を含みます．したがって (b) だけを考えればよいわけです．5 つの数の中には 3 で割り切れる数があるはずです．同様に，5 で割り切れる数，そして少なくとも 2 つの偶数があり，そのうちの 1 つは 4 の倍数であるはずです．$3, 5, 2, 4$ を掛け合わせると 120 になり，それが答えです．

問 4 答えは (a) $p-1$，(b) p^2-p です．(a) は難しくありません．というのも p より小さい自然数はすべて p と互いに素だからです．(b) は次のように考えればわかります．p と互いに素でない数は p の倍数だけです．p^2 より小さいあるいは等しい p の倍数は p 個あります．

問 5 $990 = 2 \cdot 3^2 \cdot 5 \cdot 11$ ですから，$n!$ は 11 を約数として含んでいなくてはなりません．11 は素数ですからそれ自身 $n!$ の中の積の 1 つとなっています．したがって 11 が最小の自然数であることがわかります．

問 6 もしある数の末尾に n 個の 0 があるとすると，この数は 10^n で割り切れることになります．したがって 100! にはいくつ 10 の因数があるか，考えればよいことになります．しかし $10 = 5 \cdot 2$ ですから，5 と 2 の因数がいくつあるか，ということにもなります．2 は 5 より小さいので，10 の因数をつくるためには 5 の因数すべてに対して 2 の因数

があることになります。したがって5の因数だけを数えればよいわけです。

100＝20·5 ですから 1·2·3·……·99·100 には5の倍数が20 あります。しかし実は5の因数はもっとあります。25, 50, 75, 100 はそれぞれ5の因数を2つもっていて，そのため因数は4つ増えます。したがって5の因数は24，つまり10の因数が24あり，100! の積には末尾に0が24あることになります。

質問 1000! の末尾には0がいくつあるでしょうか．

問7 24! は末尾の0が4個で，25! は6個です．n が大きくなるにつれて，$n!$ の末尾の0の数が減ることはないということは容易にわかります．したがって答えは「いいえ」です．

問8 n の約数をすべて $(d, n/d)$ というペアに分けてみましょう．これをするのに不都合な場合は，あるペアにとろうとする約数が同じになるというときです．しかしこれが生じるのは n が完全平方である場合だけで，これが証明になります．

問9 右辺の数字は11の倍数ですが，左辺の数字は2つとも11の倍数ではありません．11は素数ですから，これはありえません．したがってトムは間違えています．

♣ この問題を整除の演習の中にいれると，解くためのヒントがなかば与えられていることになります．この問題を独立に出すと，これはもっと難しいものになります．

178　答え，ヒント，解き方(第3章)

問 11　$65(a+b)=65a+65b=65a+56a=121a$ を考えてみましょう。65 と 121 は互いに素ですから，$a+b$ は 121 で割り切れることになります。121 は合成数ですから，$a+b$ も合成数ということになります。

問 12　答えは(a) $x=16, y=15$, (b) $x=152, y=151$ あるいは $x=52, y=49$ です。(a)を証明するために，式を次のように書きかえてみましょう。$(x-y)(x+y)=31$。31 は素数ですから，その小さい因数は 1, 大きい因数は 31 です。したがって次のような式が得られます。

$$\begin{cases} x-y=1 \\ x+y=31 \end{cases}$$

これによって上記の答えが得られます。

問 13　与えられた式は $x(x^2+x+1)=3$ となり，$x=\pm 1$ または $x=\pm 3$ です。すべての場合を考えあわせると，$x=1$ となります。

問 14　ヒント：どんな素数 p をとっても，左辺と右辺が p のある同じベキによって割り切れることを確かめなさい。

問 15　(a) 答えは 0。$1989, 1990, 1991, 1992^3$ をそれぞれ 7 で割ったときの余りは $1, 2, 3, 1$ です。(b) 答えは 1。9 を 8 で割ると余りは 1 です。

問 17　ヒント：5 で割ったときの余りを考えましょう。

問 18　ヒント：3 で割ったときの余りを考えましょう。

問 19　ヒント：9 で割ったときの余りを考えましょう。

答え，ヒント，解き方(第3章)　179

問 21　(a) 与えられた数が 3 と 8 で割り切れることを証明しましょう。$p^2-1=(p-1)(p+1)$ ですから，$p>3$ が素数なら，p は奇数ということになります。したがって $p-1$ と $p+1$ は偶数で，そのうちの 1 つは 4 の倍数です。これから，p^2-1 は 8 で割り切れることになります。また，$p-1, p, p+1$ は 3 つの連続数ですから，このうちの 1 つは 3 で割り切れます。しかしそれは素数の p ではありませんから，3 で割り切れるのは $p-1$ か $p+1$ のどちらかということになります。このようにして，p^2-1 は 3 と 8 で割り切れるため，したがって 24 でも割り切れることになります。

(b) $p^2-q^2=(p-q)(p+q)$ です。(a)のように考えると，$p-q$ と $p+q$ の両方とも偶数ということになります。そのどちらかが 4 の倍数であることを示すために，そうではないと仮定してみましょう。つまりこれらを 4 で割ったときの余りは 2 であると考えてみることにするのです。そうすると，$p-q$ と $p+q$ の和は 4 で割り切れることになりますが，一方，和は $2p$ で，p は奇数ですから 4 の倍数ではありません。

さらに 3 で割ったとき，p と q は同じ余りか，あるいは異なる余りをもつことになります。前者の場合は，その差は 3 で割り切れます。後者の場合は和がそうです。

したがって $(p-q)(p+q)$ は 8 と 3 で割り切れることになります。

問 22　x と y がともに 3 で割り切れないのなら，x^2, y^2

180 　答え，ヒント，解き方(第3章)

を3で割ったときの余りは1となります。したがって，その和の余りは2となり，これは完全平方にはなりません。

問 23 　ヒント：a と b がともに3と7で割り切れることを考えましょう。

問 24 　ヒント：x^3 と x は6で割ったとき，同じ余りをもつことを考えましょう。

問 25 　d が奇数とすると，p と q のうちのどちらかは偶数ということになりますが，これはありえません。d が3で割り切れないとすると，p, q, r のうちのどれかが3で割り切れることになりますが，これも矛盾しています。

問 26 　ヒント：完全平方で与えられる数を8で割ったときの余りをすべて見つけましょう。

問 27 　9で割ったときに得られる完全平方の余りは0, 1, 4, 7です。3つの数の和が9で割り切れるのなら，その中の2つは等しくなることをチェックしましょう。

問 30 　問28と同じやり方をすると，答えは7です。

問 31 　答えは1です。

問 32 　答えは6です。

問 34 　答えは3です。ヒント：7^n の1桁目の数は4回ごとに同じ数の出るサイクルになっています。このサイクルの中で，7^7 はどこにあたるか考えます。つまり，7^7 を4で割ったときの余りを見なければなりません。

問 35 　ヒント：これらの数のうち1つは3で割り切れることに注意します。(a) $p=3$，(b) $p=3$。

答え，ヒント，解き方(第 3 章)　　181

問 36　答えは $p=3$ です．前問の解き方が役に立ちます．

問 37　ヒント：前問と同じやり方を使って，$p=3$ を証明しましょう．

問 38　ヒント：3 で割ったときの余りを考えてみましょう．

問 39, 40　ヒント：奇数の 2 乗を 4 で割った余りはつねに 1 であり，偶数の 2 乗を 4 で割った余りはつねに 0 であることを考えましょう．これら 2 つの問に対する答えは「いいえ」です．

問 41　答えは $p=5$ です．5 で割った場合の余りを考えましょう．

問 42　この数を 9 で割ったときの余りは 7 です．これは完全立方の場合にはありえません．

問 43　ヒント：a^3+b^3+4 を 9 で割った場合のすべての余りを考えてみましょう．

問 44　ヒント：$6n^3+3$ を 7 で割った場合の余りをすべて見つけましょう．

問 45　x,y がどちらも 3 で割り切れないのなら，z^2 を 3 で割ったときの余りは 2 となりますが，これはありえません．ここで，奇数を 2 乗したときには，その数を 8 で割ると，余りがかならず 1 になること，また 4 で割り切れない偶数を 2 乗したときには，余りがかならず 4 となること，さらに 4 の倍数の 2 乗は余りがかならず 0 になることに注意しましょう．これを使うと，x と y はどちらも偶数か，ある

いはそのうちの1つが4で割り切れることを示すことができます。

問46 ヒント：(a) $4+7a=4(a+1)+3a$, (b) $a+b=(2+a)-(35-b)+33$。

問47 答えは0です。まず，$0^2+1^2+2^2+\cdots+9^2$ の最後の桁の数字を出します。次に，この最後の桁の数字というのは，連続した10個の自然数に対して2乗の和をとったとき，いつも同じであることに注意します。

問48 7つのなかから勝手に2つ(x と y とします)をとりだして，それらを5で割ったとき，いつも余りが同じになることを示しましょう。これをするには，6つの数の集合として最初が x を除くすべての数字を含むもの，2つ目が y を除くすべての数字を含むものをとって考えてみるのです。

問49 これらの数のうち，最初の数を a とすると次のようになります。

$$a+(a+2)+(a+4)+\cdots+(a+2(n-1))$$
$$= na+2(1+2+3+\cdots+(n-1))$$
$$= na+n(n-1) = n(a+n-1)$$

問50 この数を1増やすと，$2,3,4,5,6$ で割り切れることに注意しましょう。したがって答えは，これらの数の最小公倍数より1小さい数，すなわち59です。

問51 n が合成数で，また4より大きいなら，$(n-1)!$ は n で割り切れ，したがって $(n-1)!+1$ は n で割り切れません。実際，n を合成数とすると n より小さい数 k と l で，n

$=kl$ となります。もし $k \neq l$ なら，$(n-1)!$ は両方の数を因数として含み，問題は証明されたことになります。もし $k=l$ なら，$n=k^2 (k>2)$ であり，$(n-1)!$ は因数 $k, 2k$ を含んでいて，証明ができました。

問55 ユークリッドの互除法を使うと $(30n+2, 12n+1)$
$=(12n+1, 6n)=(6n, 1)=1$。

問56，57 ユークリッドの互除法を使います。答えは $2^{20}-1$ と $111\cdots11 (1$ が 20 個$)$ です。

第4章 鳩の巣箱の原理

問3 11で割ったときの余りが鳩の巣箱です。数が鳩になります。(問21の解き方(83ページ)も見てください。) 11で割ったときに2つの数が同じ余りをもつなら，その差は11で割り切れなくてはなりません。

問4 人の頭に生えている髪の毛の本数(0から1,000,000まで)が鳩の巣箱です。鳩はサンクトペテルブルクの人たちです。

問6 飛行機から降りてくる人たちをチームごとに分けてみましょう。分ける選手の数は $10M+1$ 人です。一般的な鳩の巣箱の原理により，11人の選手がそろうチームが1つあります。

問8 どの人の友人の数にも5つの可能性があります。つまり $0, 1, 2, 3, 4$ 人です。したがって各人が異なる人数の友

人をもつと思えるかもしれません．しかし，ある人に4人の友人がいるとすると，友人の1人もいない人はまったくいないことになります．すなわち，このときは1, 2, 3, 4の可能性だけです．4人の友人をもつ人がだれもいなければ，0, 1, 2, 3の可能性だけです．したがって2人は同じ数の友人をもっているはずです．

問9 チームはkあるとします．すると，それぞれのチームが戦った試合の数は0から$k-1$回まであります．しかし，あるチームが$k-1$回の試合をしたとすると，ほかのすべてのチームと試合をしたことになり，したがってまったく試合をしていないチームはないことになってしまいます．したがって，kチームをある時点までにおける試合数にしたがって$k-1$個の巣箱にあてはめると，0から$k-2$か，あるいは1から$k-1$ということになります．

問10a 答えは32です．33個，あるいはさらに多いマス目を緑に塗ると仮定します．次にチェス盤を16個の2×2の小さい四角に分割します．そうすると，鳩の巣箱の原理により少なくとも1つの四角は3つあるいはそれ以上のマス目が緑に塗られています．これら3つの緑のマス目はある位置から見ると問題の図の形をしていますから，これは矛盾します．一方，チェス盤の黒いマス目をすべて緑に塗ると，問題の性質を満足させることができます．

問10b 答えはまたも32です．もし31，あるいはそれより少ないマス目を緑に塗ると，16個の2×2の四角のうち

の1つは，緑のマス目を1つ含むかまったく含まないことになります。そうすると，残りの3つ，あるいは4つのマス目は緑に塗られていないことになり，まったく緑のマス目のない問題の図の形がつくられることになります。この矛盾で証明ができました。

問11 少なくとも 1+2+3=6 の問題を3人の生徒が解きました。まだ解かれていない29問の問題は残りの7人の生徒が解いたことになります。もしそれぞれが4問を解いたとすると，全部で28問にしかなりませんから，したがって1人の生徒は少なくとも5問は解いたことになります。

問12 答えは16個です。問10a のヒントを見てください。

問13 クモの巣を図のように4つの部分に分けます。それぞれの部分には2匹以上のクモは入りません。

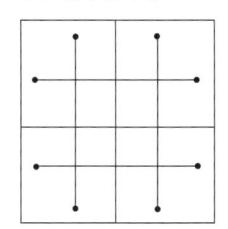

問14 小さい正三角形はそれぞれ大きい正三角形の頂点の1個しか覆うことはできません。

問18 陸地をすべて赤に塗り，それと中心点に関して正反対のところにある陸地を緑に塗ります。すると，赤と緑，両方の色が塗られた点があることになります。この点からトンネルを掘り始めます。この問題がどうして鳩の巣箱の原理の問題なのかわかりますか？

問19 数を1987で割ったとき，余りの数の可能性とし

ては1987個しかありません。たとえば$2, 2^2, \cdots, 2^{1988}$を見ると，そのうちの2つは1987で割ったとき，同じ余りをもちます．したがって，この2つの累乗は，1987の倍数で異なることになります．

問20 100で割ったとき，x^2と$(100-x)^2$は同じ余りをもつので，52個の整数を2乗したとき余りの可能性は51しかありません．したがって100で割ったとき，ある2つの数の2乗はかならず同じ余りをもつことになります．これら2つの数の2乗は，100の倍数だけ異なることになります．

問22 3の累乗$3^m, 3^n$ $(m > n)$があって，1000で割ったときに同じ余りをもつとすると，$3^m - 3^n = 3^n(3^{m-n} - 1)$は1000で割り切れます．1000の素因数は2と5ですが，どちらも3^nを割り切りません．1000で$3^{m-n} - 1$を割り切るわけですから，3^{m-n}は最後が001となる3の累乗となっています．

問23 この3つの数字の和には，7通りしかありません．つまり，-3から3までです．

問24 100人を対角線どうしの50人のペアに分けます．このペアを鳩の巣箱と考えます．男性は51人以上いるのですから，1つのペアには1人をこえる男性がいることになります．

問25 もし結論がまちがっているとすると，少年たちは少なくとも$0+1+2+\cdots+14=105$個のどんぐりを集めたこ

とになり，これは矛盾しています．

問 26 すべての数の積は 9!=362880 です．どのグループもその積が 71 より大きくないとすると，すべての数の積は 71^3=357911 以下となります．この証明方法は，ある意味では，鳩の巣箱の原理よりもう少し一般的であることを注意しておきます．

問 27 1つのマス目から，そのとなりのマス目を順次通って別のもう1つのマス目に行くとします．どのマス目から始めて別のどのマス目に行く場合でも，つねにその通り道にあるマス目の個数が(出発点のマス目は勘定に入れずに) 19 より小さくなるように，通り道を選ぶことができます．したがって書かれている一番小さな数を a とすると，すべての数が a 以上 $a+90$ 以下の数であることになります．そうすると，100 個の数の中に異なる数が 91 をこえてあることはなく，2 個は同じ数となります．

問 28 6 人の中から 1 人を選び，ボブと名付けましょう．残りの人たちを 2 つの鳩の巣箱に振り分けます．ボブを知っている人と，知らない人です．どちらかの鳩の巣箱には，5 人のうちの少なくとも 3 人が入っています．ボブの知人は 3 人だと仮定しましょう．そのうちの 2 人がそれぞれを知っていたら，この 2 人にボブを含めた 3 人が問題の 3 人組をつくることになります．もし，ボブの知人 3 人がまったくお互いを知らなかったら，これも問題の 3 人組をつくることになります．ボブが知らない人が 3 人いるとしても，同

様の論法が成り立ちます。

問29 格子点の座標のパリティ(2で割ったときの余り)を考えます。可能性は4つあります。(奇数, 奇数), (奇数, 偶数), (偶数, 奇数), (偶数, 偶数)です。点は5つありますから, その中から同じパリティをもつ2つを選ぶことができます。選んだ2つの格子点を結ぶ線の中間点が整数の座標をもつことは容易にわかります。

問30 3つのサイズを2つに区分することができます。つまり, 左足用より右足用のブーツが多いサイズ, 右足用より左足用のブーツが多いサイズ(同じ数のときはこちらに入れます)です。すると2つのサイズが同じ区分に入ります。いまサイズ41と42が左足用より右足用のブーツが多いサイズとしましょう(逆の場合でも論法は同じになります)。

さて, 左足用のブーツは300個ありますが, サイズ43に属する左足用のブーツは多くて200個です。サイズ41と42の左足用のブーツはあわせると少なくとも100個あります。また, これらのサイズでは左足用より右足用のブーツの方が多いことは仮定していました。したがって左足用のブーツにはそれぞれそれにあう右足用のブーツがあることになりますから, 倉庫には少なくとも100足の正しいペアのブーツがあることになります。

問31 このアルファベットには, 母音字より子音字の数が11個多くあります。したがって, 6つの部分集合の子音字の数と母音字の数の差を足すと, その合計は11になりま

答え，ヒント，解き方(第 4 章)　189

す．つまり，少なくとも 1 つのグループではその差が 2 より少なくなり，このグループの文字で言葉が 1 つできます．

問 32　次の 11 個の数を考えてみます．$0, x_1, x_1+x_2, x_1+x_2+x_3, \cdots, x_1+x_2+\cdots+x_{10}$。これらのうちの 2 つは，10 で割ったときの余りが同じでなくてはなりません．そのような 2 つの数の差として現われる数をとると，それは 10 で割れて，求める集合が出ます．

問 33　1 から 20 までの数を次の性質をもつ 10 個の組に分けます(それぞれの数はどれか 1 つの組だけに属します)．つまり，それぞれの組の中から勝手に 2 つの数をペアとしてとったとき，一方が他方を割り切る数となるように分けるのです．すると次のような 10 個の組に分かれます．$\{11\}$, $\{13\}$, $\{15\}$, $\{17\}$, $\{19\}$, $\{1,2,4,8,16\}$, $\{3,6,12\}$, $\{5,10,20\}$, $\{7,14\}$, $\{9,18\}$。これをみると，20 より大きくない 11 個の数のうち 2 つの数がこれらの鳩の巣箱の 1 つに入っているのがわかります．この 2 つの数が求める答えとなっています．

問 34　5 つの学習グループに 1 から 5 までの番号をつけます．そして，各生徒について考えるのではなく，各生徒が属しているグループの番号の集合について考えます．それぞれが集合 $\{1,2,3,4,5\}$ の部分集合になるのです．証明するために，可能な 32 の部分集合を次の性質をもつ 10 のまとまりに分けます．つまり，まとまりの中から 2 つの部分集合をとりだした場合，1 つがかならずもう 1 つの部分集合を

含んでいる(問33の答えと比べてみてください)ようにするのです．そのようにして分けたものを下に示します．それぞれのまとまりの中の部分集合は要素の数が大きくなる順で並べてあります．

[∅, {1}, {1,2}, {1,2,3}, {1,2,3,4}, {1,2,3,4,5}]

[{2}, {2,5}, {1,2,5}, {1,2,3,5}]

[{3}, {1,3}, {1,3,4}, {1,3,4,5}]

[{4}, {1,4}, {1,2,4}, {1,2,4,5}]

[{5}, {1,5}, {1,3,5}]

[{2,4}, {2,4,5}, {2,3,4,5}]

[{3,4}, {3,4,5}]

[{3,5}, {2,3,5}]

[{4,5}, {1,4,5}]

[{2,3}, {2,3,4}]

第5章　グラフ(1)

問3　答えは「できる」です．問2と同じようにグラフを描きます．問題の条件をみたす動きを簡単に見つけることができます．

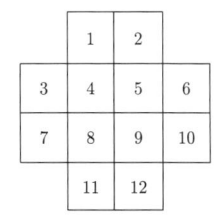

答え，ヒント，解き方(第5章)　191

	1	2	
3	4	5	6
7	8	9	10
	11	12	

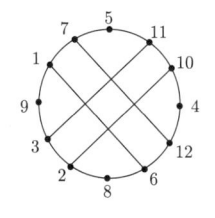

問4 もし AB という数字が3で割り切れるなら，BA も割り切れます。つまり，もし旅行者が A から B へ直接行けるのなら，B から A へも行くことができるということです。この考え方によって，右のような関係図を描くことができます。あきらかに旅行者は，ある都市からある都市へは行けないことがわかります。たとえば，都市1から都市9へは行けません。

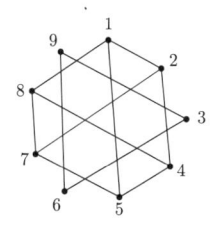

問7 都市が頂点，道路が辺であるグラフを描きます。それから，問6に書かれた方法を使ってこのグラフの辺の数を数えます。問ではそれぞれの頂点の次数が4となっていますから，全体の道路の数は100·4/2=200となります。

問9 (a)，(b)ともに不可能です。どちらの場合も問6と同じようなグラフを描き，奇の頂点を数えます。2つとも奇の頂点の数が偶数ではありませんから，グラフを描くことはできません。

問10 答えは「いいえ」です。家臣を頂点で表わし，と

なり合う家臣とは辺で連結したグラフを描いてみましょう。奇の頂点の数を数えると偶数でありませんから，グラフは描けません。

問 11 答えは「いいえ」です。この王国に k 個の都市があるとすると，道路の数は $3k/2$ となります。k が整数とすると，道路の数は 100 にはなりえません。

問 12 答えは「はい」です。岸につながる橋が 1 つもないとしましょう。島を頂点，島を結ぶ橋を辺とするグラフを描いてみましょう。問によれば，7 つの島がそれぞれ奇の頂点で表わされ，したがって奇数個の奇の頂点があることになります。これは不可能ですから，グラフでは少なくとも 1 つの辺が岸に向かっていなくてはなりません。ジョンの言ったことをグラフにすると，図のようになります。

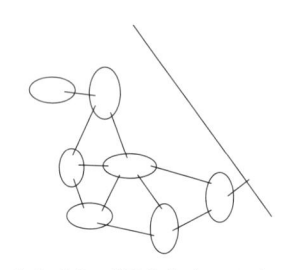

問 13 この問をグラフで表わすとすれば巨大なものになりますが，地球上に生存した人間を頂点，握手を辺として表わします。このグラフの奇の頂点を数えると，定理によって偶数個の頂点があることがわかります。

問 14 答えは「いいえ」です。この問で難しい点は，どのようにグラフを描くかということです。線分をグラフの辺とすると，うまくいきません(これは多くの生徒が最初に混

乱するところかもしれません).かわりに,線分を頂点で表わすグラフを考えてみましょう.そして,交わっている線分の間だけ辺で連結します.すると,このグラフは次数3の頂点が9つあることになりますが,これは不可能です.

問 16 この解は問15にならって解くことができます.問のようなグラフで連結でないものがあると仮定してみましょう.いまこのグラフで,道で連結されていない町を2つ選びます.この2つの町のどちらかと連結されているすべての町を考えることにします.そうすると,少なくとも$2(n-1)/2 = n-1$個の町があることになります.前問のようにこれらの新しい町はすべて別の町でなければなりません.もし同じ町があれば,連結されていない2つの町はその町を通って連結されることになります.したがって,グラフには少なくとも$n-1+2 = n+1$の町があることになり,これは矛盾しています.したがってグラフは連結されていなければなりません.

♣ ここでも,生徒たちは問題のグラフを描いてみようと試みなければなりません.そうすればすぐに,連結されない辺が多すぎるということに気づくでしょう.こういう直感は,論理的な解への足がかりとなります.

問 18 もしABを結ぶ道路が閉鎖されたとしても,AからBへ行くことはできます.そうでなければ,Aを含む連結成分では,Aを除くすべての頂点の次数は偶数となります.ある連結成分の中に1つだけ奇数の次数の頂点がある

194   答え，ヒント，解き方(第 5 章)

という状況は，グラフの奇の頂点に関する定理に矛盾しています．

問 20　答えは「いいえ」です．そのように散歩することはできません．島と両岸を頂点で，橋を辺で表わしてみます．図がそれですが，このグラフには 4 つの奇の頂点があり，これは多すぎます．

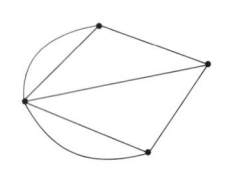

問 21　答えは(a) 6 つ，(b) 5 つ，(c) 4 つです．それぞれの場合について，スライス島への橋の数を数えましょう．

問 22　(a) 立方体をつくることはできません．まずこの立方体の辺の長さを全部合わせると 12×10 cm＝120cm となり，針金の長さに等しくなることを注意しましょう．これではある辺をつくるときに針金を二重にして折り曲げることはできません．立方体の辺のグラフを描いてみましょう．もし立方体がこの針金でつくれるとすれば，紙から鉛筆を持ち上げることなく針金に沿ってグラフをたどれるはずです．しかし，このグラフには奇の頂点が 8 つあり，これは多すぎます．したがって，針金で問の立方体をつくることはできません．

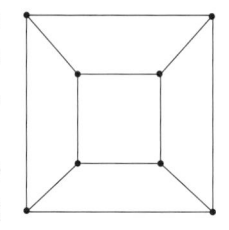

(b) このグラフには奇の頂点が 8 つあります．したがって少なくとも 4 本の針金が必要です．

第6章　三角不等式

問1　AB≧BCと仮定します。A, B, Cが三角形をつくっているとすると，三角不等式によりAC+BC>ABとなり，問の答えとなります。またAB≦BCなら，AB+AC>BCから，(同じく三角不等式により)問の答えが得られます。A, B, Cが共線(同一の線上にある)で，BがAとCの間にないときだけ，等式が成り立ちます。

問2　辺BCの長さはAC+AB=4.4より短いはずです。一方，BCは|AB−AC|，つまり3.2より大きいはずです(問1を見てください)。2つの数字のあいだの整数は4しかありません。

問3　三角形の辺をa, b, cとすると，三角不等式によって$b+c>a$となります。aを両辺に加えると，$a+b+c>2a$となり，これが答えになります。

問4　答えは350キロメートル。

問6　OB+OC+OD>OAを示しましょう。2つの三角不等式 AC+OC≧OAとOB+OD≧BD(等号は同時には成り立たない)を足すと，AC+OB+OC+OD>OA+BDとなります(図を見てください)。AC=BDですから，これが答えとなります。Oが正方形ABCDの平面以外にあるときでも，

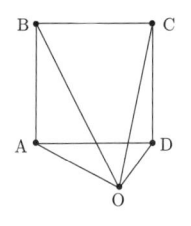

同じ証明が可能です。

問7 四角形の対角線がOで交わるとします。するとAB+BC>AC, BC+CD>BD, CD+AD>AC, AD+AB>BDとなります。これらを足すと2(AB+BC+CD+DA)>2(AC+BD)となり、これが最初の問の答えとなります。またOA+OB>AB, OB+OC>BC, OC+OD>CD, OD+OA>ADで、これらを足すと2(OA+OB+OC+OD)=2(AC+BD)>AB+BC+CD+DAとなり、これが2番目の問の答えとなります。

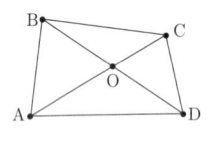

問8 図を見てください。AP+PB>AB, BQ+QC>BC, CR+RD>CD, DS+SE>DE, ET+TA>EAです。これらの不等式を足すとAP+PB+BQ+QC+CR+RD+DS+SE+ET+TA>AB+BC+CD+DE+EAとなります。この式の右辺は五角形の周の長さで、左辺は対角線の長さの和より小さくなっています。（内部にある五角形PQRSTの周の長さを足せば等しくなります。）これが最初の問の答えになります。

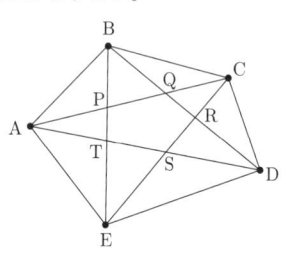

2つ目の答えは不等式AC<AB+BC, BD<BC+CD, CE<CD+DE, DA<DE+EA, EB<EA+ABを足すと出ます。

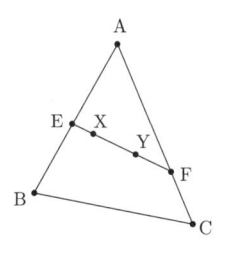

答え，ヒント，解き方(第6章)　197

問9 三角形の中の2つの点をX, Yとし，この2つの点を結んだ線を延長し，辺と交わった点をE, Fとします．するとEF<EA+AF，EF<EB+BC+CFとなります．両辺を加えるとEFは三角形の辺の和の半分より小さくなります．XY<EFですから，したがって，XYも辺の和の半分より小さくなります．

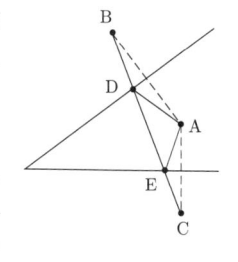

問11 最短距離の道ADEAを右の図に示します．実際，図の点Bと点Cをつなぐ道でこれ以外のものは，直線でない道となってしまいます．

問12 問11の図を見てください．AD, AEと結ぶと，BC=BD+DE+EC=AD+DE+EAとなります．そうすると，DEは三角形ADEの周囲の長さの半分より小さいので(問3)，したがってBCの半分より小さいことになります．

198　答え，ヒント，解き方(第6章)

問14　この立方体を展開すると右の図のようになります．ハエが点Aにいるとすると，反対側の頂点Bへ行く最短の道は直線となります．この展開図をふたたび組み立てると，答えが出ます．

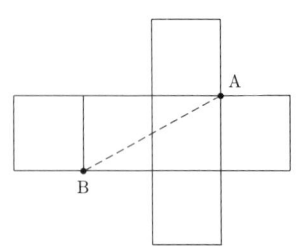

♣ 実際に紙で模型をつくってみましょう．辺の長さの数値を与えて，最短の道の長さを求める問題とすることもできます．

問15　コップの側面を展開すると長方形になります．表の面と裏の面を示すために上部を開くと，下の図のようになります．最短の道はやはり直線となっています．

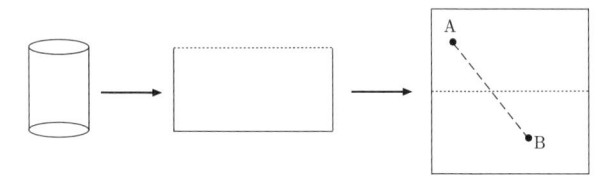

問16　線分 AO を延ばして，辺 BC と交わるところを点 D とします．三角不等式 AB+BD>AD と OD+DC>OC とを足し，両辺から OD を引きます．

問17　前問の結果を使います．AO+OC<AB+BC, AO+OB<AC+BC, BO+OC<AB+AC の3つを足すと答えが出ます．

答え，ヒント，解き方(第6章)　199

問 18　小屋を点 A とし，∠BOC を鈍角とします。∠AOC あるいは ∠AOB のどちらか，あるいは両方が鋭角ですが(図を参照)，ここでは ∠AOC が鋭角としましょう。点 B から辺 OC に垂線をおろし，交わったところを点 D とします。問 13 から AB+BC+CA>2AD であり，またあきらかに AD>AO ですから，これで証明ができました。

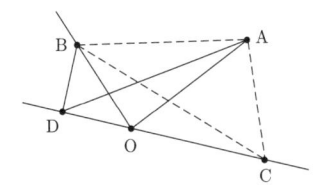

問 19　三角形 ABC から図のような平行四辺形 ABDC をつくります。三角不等式から AB+BD>AD=2AM となります。BD=AC ですから，これが最初の問の答えになります。2 番目の問は，それぞれの中線に対する不等式を出し，それを足せば答えとなります。

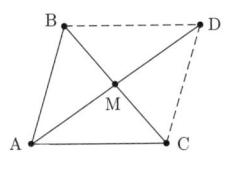

問 20　2 つに折ってできた多角形の辺の長さを見ると，もとの多角形の辺から AXYB 分の長さが減っているのがわかります(図を見てください)。しかし，AB 分の長さは増えています。AB の長さより AXYB の長さの方が大きいので，したがって新しい多角形の辺の長さは小さくなりました。

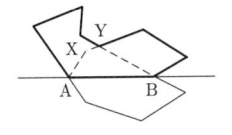

200　答え，ヒント，解き方(第6章)

問 21　凸 n 角形 ($n \geq 4$) を考え，最長の対角線より長い辺が3つあったとして，そのうちの辺の2つ，たとえば AB と CD が共通の端点をもたないとします。必要なら C, D を入れ替えることで，n 角形の周上に A, B, C, D がこの順に並び，対角線 AC, BD が1点で交わるとしてかまいません。このとき AC+BD<AB+CD です（AC と BD は対角線ですから）。また一方 AC と BD が点 O で交わっているとすると，OA+OB>AB, OC+OD>CD です。これらの不等式を足すと AB+CD<AC+BD となり，これは矛盾しています。

問 22　3本の中線が点 M で交わるとします。3つの不等式 AM+BM>AB, BM+CM>BC, CM+AM>AC を足します。AM, BM, CM の長さは中線の2/3であることに注意すると，これが求める不等式となります。

問 23　川の幅を h，村をそれぞれ A, B とし，村から川へ向かって h 行ったところを A′, B′ とします。橋は，線分 A′B, AB′ が岸と交わる2点間にかけなくてはなりません。

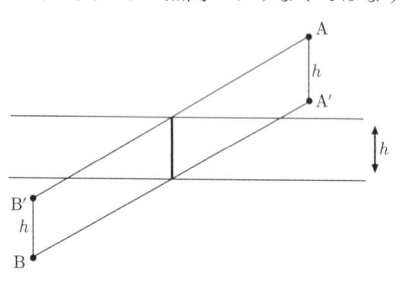

答え，ヒント，解き方(第7章)　201

問 24　五角形の一番長い対角線 XY を考えます．五角形のある 2 つの頂点はこの対角線の一方の側にあります．したがって X と Y を端点とする 2 つの交わる対角線があります．これで三角形がつくれることはすぐわかります．

第7章　ゲーム

問 2　1 回の手で，小石の山は 1 つずつ増えていきます．最初には 3 つあった山が，最後には 45 の山になります．したがって，全部で 42 の手が行なわれることになります．これは偶数ですから，最後の勝ちの手はいつも後手が行なうことになります．

問 3　和が奇数か偶数かは，プラスとマイナスの位置には関係がなく，最初の数列における奇数の数に左右されます．奇数の整数は 10 個，偶数も 10 個あるわけですから，和は偶数となり，先手の勝ちとなります．

問 4　それぞれの手の後，ルークをおくことのできる行と列は 1 つずつ減っていきます．したがって手は全部で 8 手しかなく，後手が最後の，勝利のルークをおくことになります．

問 5　1 の数が偶数個あるという性質は，どの手の後でも変わりません．最初には 10 個の 1 がありますから，最後に残るのが 1 が 1 つということはありえません．したがって後手が勝つことになります．

問 6 このゲームでは，結局もとの 2 つの数の最大公約数を書くことになります(ユークリッドの互除法と比べてみましょう)。したがって，もとの数字より大きくない，最大公約数の倍数がすべて黒板に書かれることになります。この場合，もとの数字の最大公約数は 1 で，したがって 1 から 36 までの間の数字がすべて書かれることになります。すると 34 手あることになり，後手が勝つことになります。

問 7 このゲームはまったくのつまらないあそびだともいえません。というのも，勝つはずの人もミスをすれば負ける場合があるからです。ミスというのは，残りのマス目をすべて 1 つの行，あるいは 1 つの列に残してしまう，というものです。負ける人というのは，つまり，この致命的な手を打ってしまう人のことです。$m \times n$ のチェス盤から 1 行を消すと，残りのマス目は $(m-1) \times n$ となります。同様に，$m \times n$ のチェス盤で 1 列を消すと，$m \times (n-1)$ となります。致命的となるのは盤が 2×2 となるときです。したがって，相手側にこの盤の形を残す人が勝つことになります。しかし，見てきたように，1 手ごとに行と列の数は 1 つずつ減っていきます。したがって，ゲームの最初における行と列の和の偶奇性が勝者を決めることになります。(a)ではこれは先手で，(b)と(c)では後手です。(b)では後手は対称性の戦略(§2 参照)をとることができます。

問 11 ナイトはいつも黒から白，あるいは白から黒のマス目へと動きます。したがって，点あるいは線の対称性を使

って後手が勝ちます．

問 12　先手が勝ちます．最初にチェス盤の真ん中にキングをおき，あとは対称性の戦略をとればよいのです．

問 13　どちらの場合も後手が勝ちます．(a)では線の対称性，(b)では点の対称性を使います．(a)では証明はきわめて簡単です．4行目と5行目の間の線をはさんで，先手がおいたところと対称な場所におきます．線をはさんで対称な2つのマス目は色が異なりますから，先手の動きが後手の動きをさまたげるということにはなりません．

(b)の場合はもう少し巧妙になりますが，アイディアは同じです．後手はチェス盤の中心に関する対称性を用います．詳しい証明は，ご自分でどうぞ．

問 14　点の対称性の戦略を用いて，後手が勝ちます．

問 15　最初に真ん中のマス目をとり，つづいて点の対称性にしたがって駒をとっていけば，先手が勝ちます．

問 16　まず，2つの山の小石の数を同じにもっていき，つづいて問10の戦略を用いれば，先手が勝ちます．

問 17　先手が勝ちます．まず残りの点を9つずつの2つのグループに分けるように1本の線を引きます．以後は，相手の手と対称になるように線を引いていきます．この戦略は点がどのように円に沿って配置されているかということには関係ありません．

問 18　どちらも後手の勝ちとなります．先手が最初に何枚とっても，自分の番では残りの花びらが同じ並び方のもの

が2つあるようにとります。以後は，対称性の戦略をとればよいのです。

問 19 (a), (b)の場合は，点の対称性の戦略を使って後手が勝ちます。

(c)の場合は，先手が勝ちます。一番最初に，3×3の面の真ん中を刺します。それ以後は中心に関して対称になるように刺していけばよいのです。

問 20 1の幅分だけを折った人が負けになります。先手はまずチョコレートを2つに分け，それぞれを5×5にすると勝ちます。それ以後は相手方に対称に折っていけばよいのです。

問 21 先手が勝ちます。まず中心に×をおき，以後は中心をはさんで相手側の○と対称においていけばよいのです。

問 23 先手が勝ちます。チェス盤の行と列にそれぞれ番号をつけると，a1のマス目は(1, 1), h8は(8, 8)になります。勝つ場所は両方の数字が偶数になるところです。したがって最初の手はb2になります。

問 24 先手が勝ちます。勝つ位置は両方の山がそれぞれ奇数になるところです。まず21の方のキャンディを食べ，20個の山をいくつでもいいですが奇数の山に分けます。

問 25 後手が勝ちます。勝つ位置は，2つのチェッカーの間のマス目の数が3で割り切れるところです。

問 26 先手が勝ちます。勝ち筋は，箱につねに2^n-1本のマッチを残すことです。最初の手では255本のマッチを

残しておきます．つづく手も同じようにします．

問27 先手が勝ちます．勝ち筋は，一番大きい山の小石を 2^n-1 個にしておくことです．最初の手では，1番目と2番目の山についてはどう分けてもかまいませんが，3番目の山を63個と7個の山に分けます．

問28 このゲームでは1と書く方が勝ちます．先手が，奇数を書くことが勝つことと理解していれば勝ちます．

問29 (a)の場合，後手が勝ちます．(b)の場合は先手が勝ちます．勝ち筋は，2つの山に奇数本のマッチが残るようにすることです．

問32 後手が勝ちます．右の図にプラスとマイナスの配置を示します．

問33 (a)も(b)もチェス盤におきかえることができます．(a)は問23と同じ問題であることがわかります．(a)と(b)のプラスとマイナスの配置は同じですので，問23の最後の図(f)を見てください．

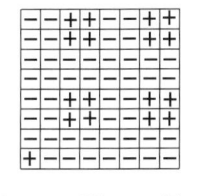

問34 先手が勝ちます．プラスとマイナスの配置を右の図に示しました．

問35 この問題は，幾何的な解釈が終盤からの分析に必要でない例です．ここではそれぞれの数字にプラスとマイナスの

しるしをつけると便利です。プラスのしるしは 10 の倍数にだけつけます。したがって後手が勝ちます。後手はつねに 10 の倍数となるように数を選んでいくのです。

問 36 勝ち筋は 56 から 111，あるいは 4 から 6 です。4, 5, 6 のうちの任意の数字を使うことによって先手が勝ちます。

問 37 勝ち筋は 500, 250, 125, 62, 31, 15, 7, 3 です。先手が勝ちます。

問 38 勝ち筋は 3 の倍数です。最初の手から 1, 4 あるいは 16 など $4^k = 2^{2k}$ を引くことで先手が勝ちます。

第 8 章　最初の 1 年用の問題

問 1　正しくありません。

問 2　3 枚。B と 4 と 5 のカードをひっくり返します。

問 3　5 セントと 10 セント。

問 4　正しい。(a) によりテレビを持っている数学者でない人がいます。もしこの人が毎日泳ぐとすると (b) と矛盾します。つまりこの人はテレビを持っていますが，プールで泳ぎません。

問 5　三月ウサギが真犯人なら真実の証言をしていたことになり帽子屋が犯人ということになってしまいます。帽子屋が真犯人ならば三月ウサギが真実の証言をしたことになり，三月ウサギが犯人ということになります。したがって真犯人

答え，ヒント，解き方(第8章) 207

はヤマネです．

問6 色の違いが2色の場合に示せば十分です．色の違いを 0, 1，サイズの違いを A, B とすると，(0, A), (0, B), (1, A), (1, B) の中で色とサイズが異なるのは $\{(0, A), (1, B)\}$ または $\{(0, B), (1, A)\}$ だけです．

さて，箱から取り出した1本目の色鉛筆の色を 0，サイズを A とします．もし箱の中に (1, B) があればそれでよいことになります．(1, B) がなければ，1 がなければならないので (1, A) があるはずです．さらに B がなければならないので (0, B) があるはずで，結局このときもよいことになります．

問7 WB という壺には白黒のボールが入っていないことはわかっています．もし WB から白のボールが取り出されたとすると，WB の中味は白白であることがわかります．したがって残っている2つの壺 WW, BB の中は白黒か黒黒ですが，壺のラベルと中味が一致しないのですから，WW の中は黒黒で，BB の中は白黒です．WB から黒のボールが取り出されたときにも，壺の中味がわかります．WW または BB から1つボールを取り出してみても，ほかの壺の中味はわかりません(確かめて下さい)．したがって答えは WB です．

問8 C は赤い帽子をかぶっていると言ったのです．もし C が白い帽子をかぶっていて B が白い帽子をかぶっていれば，A は自分が赤い帽子をかぶっていることがわかります．

したがってCが白い帽子をかぶっていたとすると，Aがわからないと言ったとき，Bは自分が赤い帽子をかぶっていることがわかることになります．Bは自分の帽子がわからなかったのですから，結局Cは白い帽子をかぶっていなかったことになり，赤い帽子をかぶっていたことがわかったのです．

問9　黒です．ホワイト氏の髪は黒ではないことに注意すると赤であることがわかります．したがってバイオリニストは白で，絵描きは黒です．

問10　住人ではありません．

問11　「この道はあなたの住んでいる村へ行きますか？」と聞いて，「はい」ならば正直者の住む村へ行く道です．

問12　「ペットとしてワニを飼っていますかと聞かれたら，あなたは「はい」と答えますか？」

飼っている正直者：　はい．

飼っていない正直者：　いいえ．

飼っているうそつき：　はい．（うそつきだから，飼っていますかと聞かれたら「いいえ」と答える．それに対して「はい」と答えるかと聞かれたから違っているので（うそつきだから）「はい」と答える．）

飼っていないうそつき：　いいえ．

問13　「フリップは「はい」ですか？」

なぜこの質問でよいかは，この答えが次のようになることからわかります．

正直者：

フリップが「はい」のとき ⇒ (「はい」と答えるので)「フリップ」

フリップが「いいえ」のとき ⇒ (「いいえ」と答えるので)「フリップ」

うそつき：

フリップが「はい」のとき ⇒ (「いいえ」と答えるので)「フロップ」

フリップが「いいえ」のとき ⇒ (「はい」と答えるので)「フロップ」

問 14 「フリップは「はい」ですかと聞かれたら，あなたは「はい」と答えますか？」

なぜこの質問でよいかは，この答えが次のようになることからわかります．

正直者：

フリップが「はい」のとき ⇒ (「はい」と答えるので)「フリップ」

フリップが「いいえ」のとき ⇒ (「いいえ」と答えるので)「フリップ」

うそつき：

フリップが「はい」のとき ⇒ (「はい」と答えるので)「フリップ」

フリップが「いいえ」のとき ⇒ (「いいえ」と答えるので)「フリップ」

問 15 Aがうそつきならば，AもBも正直者となることになり矛盾します．したがってAは正直者，Bはうそつきです．

問 16 Aがうそつき，Bがよその人，Cが正直者です．

これは次のように考えるとわかります．Aが正直者なら言っていることと矛盾しますから，Aは正直者ではありません．Bが正直者なら言っていることから，AとCはうそつきでなくなり，3人ともうそつきでなくなり矛盾します．つまりBは正直者ではありません．結局Cが正直者です．するとCの言っていることからBがよその人で，残りのAはうそつきです．

♠ この問題はCが何も言わなくとも解けます．Cが正直者であることまでは上と同じです．次にBがうそつきなら言っていることがうそですからAかCのどちらかはうそつきとなり，うそつきが2人以上となり矛盾です．したがってBはうそつきでなくよその人，Aはうそつきです．Cの発言があった方が情報が多くてやさしくなるのか，混乱して難しくなるのかどちらでしょうか．

問 17 正直者は1人です．まず全員がうそつきであることはありません．次に正直者が2人以上いたとして2人の正直者をA，Bとすると，Aが「みんなうそつきだ」と言うことでBもうそつきとなってしまいます．したがって正直者は1人です．このとき正直者以外の人が「みんなうそつきだ」と言うとき，この中に1人正直者が含まれているこ

答え，ヒント，解き方(第 8 章)　　211

とになり，うそを言っていることになります．答えは 1 人です．

問 18　7 分のタイマーと 11 分のタイマーを同時にスタートさせ，7 分のタイマーが鳴ったときに卵を入れます．11 分のタイマーが鳴ったときにもう一度 11 分のタイマーをかけます．

問 19　1 つ目のボタンを 7 回，2 つ目のボタンを 12 回押すと，8 階に着くことができます．実際の上がり下がりは次のようにします．

$13 \to 5 \to 18 \to 10 \to 2 \to 15 \to 7$
$\to 20 \to 12 \to 4 \to 17 \to 9 \to 1$
$\to 14 \to 6 \to 19 \to 11 \to 3 \to 16 \to 8$

問 20

$458 \longrightarrow 45 \xrightarrow{\times 2 \times 2 \times 2 \times 2} 720 \longrightarrow 72 \longrightarrow 7 \xrightarrow{\times 2} 14$

あるいは次のようなやり方もあります．

$458 \xrightarrow{\times 2} 916 \longrightarrow 91 \longrightarrow 9 \xrightarrow{\times 2 \times 2 \times 2} 72 \longrightarrow 7 \xrightarrow{\times 2} 14$

問 21　できます．
789 $\boxed{456123}$ → $\boxed{789321}$654 → 123$\boxed{987654}$ → 123456789

問 22　できます．横並びの行の 1 行目，2 行目，3 行目にそれぞれ 1 を 9 回，6 回，3 回加え，次に縦の列の 1 列目，2 列目，3 列目からそれぞれ 1 を 9 回，6 回，3 回引きます．

この問題をもう少し数学的に考えると次のようになります．

(a)のマス目の i 行，j 列にある数は $4i+j-4$ です．また

(b)のマス目の i 行, j 列にある数は $4j+i-4$ です。

i 行を x_i だけ増やし, j 列を y_j だけ減らして, (a)のマス目から(b)のマス目へと移ったとすると
$$4i+j-4+x_i-y_j = 4j+i-4$$
です。これから
$$x_i-y_j = 3(j-i)$$
となり, 特に $i=j$ のときを考えると
$$x_i = y_i$$
がわかります。したがって
$$x_i-x_j = 3(j-i)$$
となりますが, ここで $x_i=\alpha_i-3i$, $x_j=\alpha_j-3j$ とおくと $x_i-x_j=(\alpha_i-\alpha_j)+3(j-i)$ から $\alpha_i=\alpha_j$ がわかります。したがって
$$x_i = \alpha-3i \quad (i=1,2,3,4)$$
となります。4行目に加える数 x_4 を 0 とすると $\alpha=12$ となり, これが上の解答の場合となります。実際このとき $x_1=9, x_2=6, x_3=3, x_4=0$ となります。一般の答えは $k=0,1,2,\cdots$ として
$$x_1 = y_1 = 9+k, \quad x_2 = y_2 = 6+k,$$
$$x_3 = y_3 = 3+k, \quad x_4 = y_4 = k$$
です。

問 23 できます。51 のとなりにくるのは 1 だけなので, 51 は端にきます。$51, 1, 52, 2, 53, \cdots, 48, 99, 49, 100, 50$ とするのです。

答え，ヒント，解き方(第8章) 213

問 24 (a) 右の図のように3つの山に分けます。

557	556+1	555+2
554+3	553+4	552+5
⋮	⋮	⋮
281+276	280+277	279+278

(b) $555 = 6 \cdot 91 + 9$ です。したがって下の図のように並べていくと 555 グラムから 10 グラムのところまで 3 つの山が同じ重さをもちます。残っている $9, 8, \cdots, 1$ グラムは

$$9+6 = 8+7 = 5+4+3+2+1 = 15$$

に注意して $\{9, 6\}, \{8, 7\}, \{5, 4, 3, 2, 1\}$ をそれぞれの山に配分します。

555	554	553
550	551	552
549	548	547
⋯⋯⋯⋯⋯⋯⋯⋯		
15	14	13
10	11	12

9,6	8,7	5,4,3,2,1

問 25 1 つの答えとして図(a)のようなものがあります。マス目に 0 を入れることも許したとき，この問題に対するもっとも一般的な答えは，4 つの整数 a, b, c, d をとって，図(b)のようにマス目に数を入れることで与えられます。$a=1$, $b=-1$, $c=1$, $d=-1$ ととった場合が図(a)となっています。

1	-1	1	-1
-1	1	-1	1
-1	1	-1	1
1	-1	1	-1

(a)

a	b	c	$-a-b$ $-c$
d	$-a-b$ $-d$	$a+d$ $-c$	$b+c$ $-d$
$-c$	$a+b$ $+c$	$-a$	$-b$
$c-a$ $-d$	$d-b$ $-c$	$-d$	$a+b$ $+d$

(b)

問 26 各辺の和は $1+2+\cdots+12=78$。したがって問題のような状況がおきるとすると，6個のそれぞれの面の4辺の数の和は（各辺の数が2つの面で数えられていることに注意すると）$2 \times 78 \div 6 = 26$ となります。

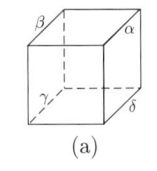

今，図(a)で $\alpha, \beta, \gamma, \delta$ によって表わした4つの辺を，相対する4つの辺ということにします。このとき「各面の辺の和が26ならば，相対する4つの辺の和もつねに26となる」ことがいえます。これを示すために図(b)のように辺に a, b, c, d, e, f, g, h と記号をつけると

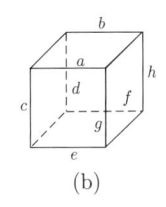

$$\alpha+\beta = 26-(a+b)$$
$$\beta+\gamma = 26-(c+d)$$
$$\gamma+\delta = 26-(e+f)$$
$$\delta+\alpha = 26-(g+h)$$

となり，したがって
$$2(\alpha+\beta+\gamma+\delta) = 26\times 4-(a+b+c+d+e+f+g+h)$$
$$= 26\times 4-\{78-(\alpha+\beta+\gamma+\delta)\}$$
これを整理すると
$$\alpha+\beta+\gamma+\delta = 26$$
となることがわかります．

同じような議論で次のこともいえます．

「3組の相対する4つの辺の和が26のとき，ある面の辺の和が26ならば，この面に相対する面の辺の和も必ず26となる」

したがって問題の答えを得るためには，次のような操作を試行錯誤で行なうことになります．

1, 2, …, 12 を，足して26となるような4つの数からなる3組に分ける．この各組の4個の数を相対する4つの辺の上に配置する．次にこれらの数が図(c)のA, B, C面上で辺の和が26となっているかどうか確かめる．

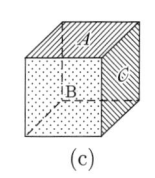

たとえば

(1) $\{1,4,9,12\}, \{2,3,10,11\}, \{5,6,7,8\}$

(2) $\{1,5,8,12\}, \{2,4,9,11\}, \{3,6,7,10\}$

(3) $\{1,6,7,12\}, \{2,4,9,11\}, \{3,5,8,10\}$

(4) $\{1,3,10,12\}, \{2,5,8,11\}, \{4,6,7,9\}$

に対しては，図(1)〜(4)で示したような配置があります．

216　答え，ヒント，解き方(第8章)

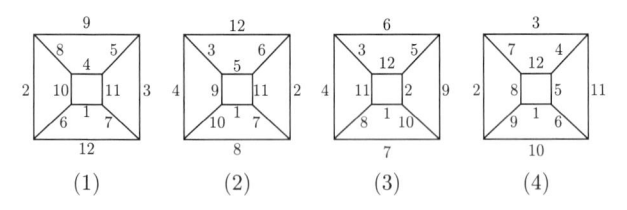

```
    9              12             6              3
 ┌─────┐       ┌─────┐       ┌─────┐        ┌─────┐
 │8  5│       │3  6│       │3  5│        │7  4│
 │ 4  │       │ 5  │       │12  │        │12  │
2│10 11│3    4│9  11│5    4│11 2│5      2│8  5│11
 │ 1  │       │ 1  │       │ 1  │        │ 1  │
 │6  7│       │10 7│       │8 10│        │9  6│
 └─────┘       └─────┘       └─────┘        └─────┘
   12            8              7              10
   (1)           (2)            (3)            (4)
```

しかし $\{1,2,11,12\}, \{3,4,9,10\}, \{5,6,7,8\}$ に対してはどのような配置も成り立ちません．コンピュータを使って確かめてみると，この問題には 20 通りの解があることがわかります．

問 27　本質的に異なる答えは下の2つです．

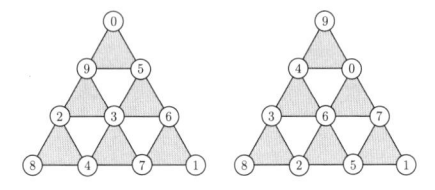

これを見つけるには，三角形の頂点におかれた数の和を a として，この図の中心にある頂点には
$$(0+1+2+\cdots+9)-3a = 45-3a$$
が入ることに注意します．$45-3a$ は 3 の倍数ですから $45-3a=0$ (このとき $a=15$), $45-3a=3$ (このとき $a=14$), $45-3a=6$ (このとき $a=13$), $45-3a=9$ (このとき $a=12$) の4つの場合しかありませんが，確かめてみると $45-3a=3$ と $45-3a=6$ の場合しかないことがわかります．それぞれの場

合，回転や対称移動で数字をおく場所をかえることはできますが，本質的にはそれぞれの場合に対して一通りで図に描かれたものしかありません。

問 28　8419という組を左右からあわせて9組とります。残りの91組から両端の下線の部分

$$\underline{8419}\cdots\cdots\underline{8419}$$

をとります。そうすると 8+4+9+1=22 に注意すると，22×91−18=1984 となります。

あるいは1984の組を90個連結して残し，その先端に4があるようにして，最初と終わりから数字を取り除いてもよいのです。

問 29　答えは 18, 45, 90, 99 です。第10章で習う合同という便利なものを使うと解けますが，ここではそれを使わないで，次の2つの定理，(A)「自然数 N を9で割った余りと，その各桁の数の和 N' を9で割った余りが等しい」(各桁の数の和の定理)と，(B)「足し算(引き算もよい)，掛け算(割り算はだめ)を使って表わされた数 N を n で割った余りは，現われる数のいくつかを n で割った余りでおきかえた数 N' を n で割った余りに等しい」を使って解きましょう。

まず，(A)は，

$$\overline{a_0 a_1 \cdots a_n} = a_0 \times 10^n + \cdots + a_{n-1} \times 10 + a_n$$
$$= a_0 \times (99\cdots 9 + 1) + \cdots + a_{n-1} \times (9+1) + a_n$$
$$= a_0 + \cdots + a_n + 9 \times (a_0 \times 11\cdots 1 + \cdots + a_{n-1})$$

より，$N = N' + 9c$ と表わせることから示せます（$\overline{a_0 a_1 \cdots a_n}$ という表わし方については 150 ページの問 84 に対する註を見てください）。(B)は，第 3 章§2 で説明した「余りについての補助定理」を何度か使えば示せます。

さて，求める 2 桁の数を $\overline{ab}$ とします。1 桁の数 c をとったとき，$\overline{ab}$ と $\overline{ab} \times c$ の各桁の数の和が等しいので，その和を 9 で割った余り r と r' は等しくなります。(A)より $\overline{ab}$ を 9 で割った余りは r です。(B)より $r \times c$ を 9 で割った余りは $r'(=r)$ です。ここで $c=2$ とすると，$cr=2r$ を 9 で割った余りが r ということになりますが，これをみたすのは $r=0$ しかありません。つまり $\overline{ab}$ の各桁の数の和 $a+b$ は 9 で割れなくてはなりません。これをみたす 2 桁の数 $18, 27, 36, \cdots$，$90, 99$ の中から条件に合う数を探すことになります。たとえば 27 と 36 は $27 \times 7 = 189$，$36 \times 8 = 288$ を考えてみると条件をみたしていないことがわかります。

問 30 下 1 桁の数が 9 でなければ，1 増えたとき繰り上がりがないので，各桁の数の和は 1 増えて，両方が 7 で割れることはありません。下 n 桁の数がすべて 9 で $n+1$ 桁目の数が 9 でないときは，1 増えると各桁の数の和は $9n-1$ 減ります。$n=4$ のときは 35 となり 7 で割れます。たとえば 69999 と 70000 が答えです。

問 31 $\dfrac{1}{1000}$ を 1000 個足すと 1 になりますが，
$$\left(\dfrac{1}{1000}\right)^2 = \dfrac{1}{1000000}$$

答え，ヒント，解き方(第8章)　219

を 1000 個足しても 0.001 です。

問 32　図の灰色部分のように 4 つのコインをおき，これと同じパターンを 1 点で接するように順次おいていくとできます。

問 33　可能です。ペンキ屋は横の 1 行目の部屋を全部塗って外へ出ます。次に 3 行目，5 行目，7 行目と塗っていきます。それからこんどは縦の 1 列目，3 列目，5 列目，7 列目の部屋を全部塗っていきます。

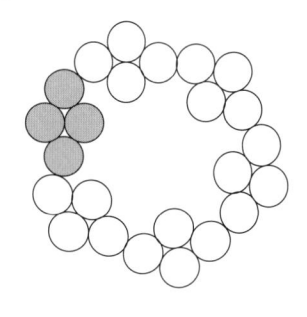

♠ この問題は，城への入口がある部屋 1 つにしかないと仮定しても，答えはやはり同じになります。それには，入口から入って 1 つの部屋まで行き，同じ道を通って戻って外へ出ると，その部屋だけ色が変わるということに注意するとよいのです。

問 34　コンテナーの山を A，B とします。コンテナー 1 のある山を A とすると，A を全部 B に移し，次に 1 から上を A に戻します。A の山の一番下にはコンテナー 1 があります。この操作は 2 回ですみます。A の山に下から順に 1, 2, …, k ($k \leq n-2$) のコンテナーが積み上げられたとします。A の山の k より上のコンテナーを B に移し，$k+1$ から上のコンテナーを A に移します。この操作も 2 回ですみます。最後は N 番目のコンテナーが B にあるときはそれを A の

一番上に移します。結局，全部の操作はせいぜい $2(N-1)+1=2N-1$ 回となります。

問 35 コインを 3 個ずつに分け，それらを A, B, C とします。まず A, B を秤にのせます。

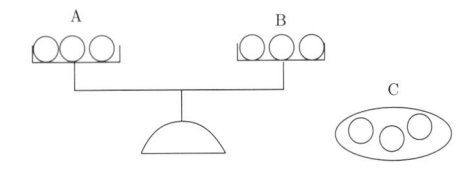

（1）このとき釣り合ったら，A, B の中にはにせ物はありません。次に C から 2 つとり秤にのせます。もしこれが釣り合ったら，この残ったコインがにせ物です。釣り合わなかったら秤の皿の上がった方がにせ物です。

（2）A, B が釣り合わなかった場合，A が軽い場合は A の 3 つに対して(1)の C に対するのと同じやり方を適用します。

問 36 1 番目から 9 番目までの袋からそれぞれ 1 個，2 個，…，9 個という具合に総計 45 個のコインを取り出し，これを一方の計量皿にのせます。もう一方の計量皿には，10 番目の袋から取り出した 45 個のコインをのせます。10 番目がにせのコインなら差は 45 グラムです。$n(\leqq 9)$ 番目がにせのコインなら差は n グラムです。

問 37 コインに番号をつけます。

（1）1 番から 50 番までのコインを一方の計量皿にのせ，

答え，ヒント，解き方(第8章)　221

51 番から 100 番までのコインを他方の計量皿にのせます。
[(1)で釣り合ったとき]（101 番のコインがにせ物）
　(2) 1 番と 101 番をそれぞれ計量皿にのせます。1 番は本物ですから，にせ物 101 番が重いか軽いかわかります。
[(1)で釣り合わないとき]（101 番のコインは本物）
　(2) 軽い方の計量皿にのっている 50 個を，25 個，25 個に分けて計量皿にのせます。

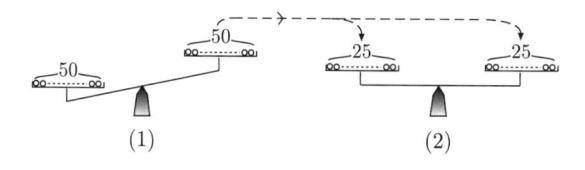

(1)　　　　　(2)

　釣り合ったときには，にせ物のコインは残りの 50 個の中にあり，本物より重いことがわかります。

　釣り合わないときには，軽い方ににせ物のコインがあり，本物より軽いことがわかります。

問 38　(1) コインを 3 個ずつのせます。

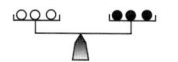

[(1)で釣り合ったとき]（それぞれ 3 個のうちの 1 つがにせ物）
　(2) 片方の皿にのっている 3 個のうちの 2 個を 1 つずつのせます。

釣り合えば残った1つがにせ物で，釣り合わなければ上がった方がにせ物です。

(3) 同様のことを別の皿の3個に対して行ないます。

このようにして2つのにせ物を選び出せます。

[(1)で釣り合わないとき](軽い方の皿に2個のにせ物がある)

(2') 軽い方の皿の3個の中から2個をとり，1つずつのせます。

これが釣り合えばこの2個がにせ物。これが釣り合わないときは，軽い方の1個と，残っている1個がにせ物。

問 39 10袋ある各袋から $1, 2, 4, 8, 16, 32, \cdots, 2^9=512$ 個のコインをとってこの全体の重さをはかります。

$$1+2+4+8+\cdots+512 = 1023$$

ですから，これらのコインがすべて本物ならば，重さは

$$1023 \times 4 = 4092 \text{(グラム)}$$

となっているはずです。しかしこの中ににせ物がありますから，はかられた重さは

$$4092 - A \text{(グラム)}$$

答え，ヒント，解き方(第8章) 223

となります．この A を2進法で表わします．もし A が
$$A = 1100010$$
ならば
$$A = 2^6 + 2^5 + 2$$
であり，$2^6 = 64$ 個，$2^5 = 32$ 個と 2 個を取り出した 3 つの袋がにせ物のコインの入った袋ということになります．

問 40 コインに $1, 2, 3, 4, 5$ と番号をつけます．

(1) 1と2を秤にかけます．

[(1)で釣り合ったとき](1 と 2 は本物)

(2) 3と4を秤にかけます．このとき釣り合うことはありません．

3が重く4が軽かったとします．

(3) 1と5を秤にかけます．

　釣り合ったとき ⇒ 3(重い)と4(軽い)がにせ物

　1が重く，5が軽い ⇒ 5(軽い)と3(重い)がにせ物

　1が軽く，5が重い ⇒ 5(重い)と4(軽い)がにせ物

3が軽く4が重かったときは，3と4をかえて同様の結論が得られます．

[(1)で釣り合わないとき] 1が重く，2が軽かったとします．

(2′) 3と4を秤にかけます．

[(2′)で釣り合ったとき]

このときは，上のプロセスで $\{1,2\}$ が $\{3,4\}$ に，$\{3,4\}$ が $\{1,2\}$ に代わった場合となります．したがって

(3′) 3と5を秤にかけるとわかります．

[(2′) で釣り合わないとき] (5 は本物)

3 が重く，4 が軽かったとします．

(3″) 1 と 5 を秤にかけます．

　　釣り合ったとき ⇒ 2(軽い)と3(重い)がにせ物

　　1 が重く，5 が軽い ⇒ 1(重い)と4(軽い)がにせ物

1 が軽く，5 が重いということはおきません．

3 が軽く，4 が重いときも同様にしてわかります．

問 41　2 つずつとって 34 回はかると，重い候補 34，軽い候補 34 が選別できます．重い候補から 2 つずつとってはかると，重い候補が 17 にしぼれます．さらに 8+1 回で 8 個に，4 回で 4 個に，2 回で 2 個に，1 回で 1 個が決まってきます．軽い 1 個も同じようにして決まります．このとき計量した回数は

$$34+(17+9+4+2+1)\times 2 = 100 \text{ 回}$$

です．

問 42　2 つずつとって 32 回計量すると，一番重い石の候補が 32 個になります．この 32 個の石を 2 つずつとって計量すると，候補が 16 個になります．このことを繰り返すと，あと 8 回，4 回，2 回，1 回で一番重い石が選び出せます．二番目に重い石は，この選別の過程で一度一番重い石の相手としてはかられています．一番重い石の相手となったのは 6 個です．この 6 個は 3 回はかることにより，その中で二番目に重い石の候補が 3 個にしぼられます．この 3 個の中で一番重いものを選ぶにはあと 2 回の計量で十分です．した

がって
$$32+16+8+4+2+1+3+2 = 68 回$$
の計量で見分けられます。

問 43 緑の 2 つの分銅を G, G′, 赤の 2 つの分銅を R, R′, 白の 2 つの分銅を W, W′ と書くことにします.

(1) G, R と G′, W をはかります.

[(1)で釣り合ったとき]

(2) G と G′ をはかります.

釣り合うことはありません.

G の方が重いとき ⇒ G が重く, R が軽く, W が重い

G′ の方が重いとき ⇒ G′ が重く, R が重く, W が軽い

[(1)で釣り合わないとき]

G, R の方が G′, W より重いとします. このとき, G が G′ より重く, R は W より重いかまたは W と同じであることがわかります.

(2′) R′ と W をはかります.

釣り合ったとき ⇒ R′ が軽く, W が軽い

R′ の方が重いとき ⇒ R′ が重く, W が軽い

W の方が重いとき ⇒ R′ が軽く, W が重い

G′, W の方が G, R より重いときも同様です.

問 44 6 個のコインを 1, 2, 3, 4, 5, 6 で表わすことにします.

(1) 一方の計量皿には 1, 2, 3, 他方には 4, 5, 6 をのせて

はかります。

[(1)で釣り合ったとき]

このとき $\{1,2,3\}$ の中に 1 個のにせ物, $\{4,5,6\}$ の中に 1 個のにせ物が含まれています。

(2) $\{4,2,3\}$ と $\{1,5,6\}$ をはかります。3 つの場合を次のように記号で表わすことにします。

$$\text{釣り合っているとき} \quad (2)_0$$
$$\{4,2,3\} \text{ の方が重いとき} \quad (2)_1$$
$$\{1,5,6\} \text{ の方が重いとき} \quad (2)_2$$

$(2)_0$ このとき 1 と 4 は 2 つとも本物か, 2 つともにせ物かのどちらかです。

$(2)_0 \Rightarrow (3)$ $\{5,2,3\}$ と $\{4,1,6\}$ をはかります。ここでも釣り合っているか, $\{5,2,3\}$ が重いか, $\{4,1,6\}$ が重いかにしたがって $(3)_0, (3)_1, (3)_2$ と書きます。

$(3)_0$ このとき 1 と 5 は 2 つとも本物か, 2 つともにせ物かのどちらかです。$(2)_0$ と $(3)_0$ から次のことがわかります。

(*) 1, 4, 5 は本物, 6 はにせ物, 2 または 3 はにせ物。

$(3)_0 \Rightarrow (4)$ $\{2,6\}, \{1,4\}$ をはかります。

$(4)_0$(釣り合っているとき) 3 と 6 がにせ物
$(4)_1$($\{2,6\}$ が重いとき) 2 と 6 がにせ物
$(4)_2$($\{1,4\}$ が重いとき) おきない

$(3)_1$ $(2)_0$ と $(3)_1$ から次のことがわかります。

4, 1, 6 は本物, 5 はにせ物, 2 または 3 はにせ物。

答え，ヒント，解き方(第8章)　　227

(3)$_1$ ⇒ (4)　$\{2,5\}$ と $\{1,4\}$ をはかり，あとは同様です．

(3)$_2$　(2)$_0$ と (3)$_2$ から $1,4$ がにせ物であることがわかります．

(2)$_1$　このとき 4 はにせ物，2 または 3 がにせ物で，1, 5, 6 は本物です．これは (3)$_0$ のときの(∗)と同様ですから $\{4,2\}$ と $\{5,6\}$ をはかり，あとは同様．(2)$_2$ のときも同様．

[(1)で釣り合わないとき]

(1)で $\{1,2,3\}$ の方が重かったとします．このとき 4, 5, 6 は本物で，1, 2 または 2, 3 または 3, 1 がにせ物です．

(2′)　$\{1,2\}$ と $\{4,5\}$ をはかる．

(3′)　$\{2,3\}$ と $\{4,5\}$ をはかる．

(4′)　$\{3,1\}$ と $\{4,5\}$ をはかる．

この 3 つのはかり方のうち，1 つの場合だけ釣り合わないので，それでにせ物 2 個のコインを見つけることができます．

(1)で $\{4,5,6\}$ の方が重かったときも同様です．

問 45　この解答は場合の分け方が多いので，問題 44 の解答で用いたと同様の記法で，たとえば (1)$_0$ と書くときは (1)のはかり方が釣り合っているとき，(1)$_1$ は左側が重いとき，(1)$_2$ は右側が重いときを表わすことにします．またコインには数字で番号をつけておきます．はかり方の仕方だけ書いておきますから，このはかり方でどれがにせ物か判定できるかは，1 つ 1 つの場合について考えてみてください．

(a)

(1) $\{1,2,3,4,5\}$ と $\{6,7,8,9,10\}$ をはかる。

　(1)$_0 \Rightarrow$ (2) $\{11,12\}$ と $\{13,14\}$ をはかる。

　　(1)$_0 \Rightarrow$ (2)$_0$ (15 または 16 がにせ物)

　　　　　　$\Rightarrow$ (3) 1 と 15 をはかる。

　　　　　　$\Rightarrow$ (4) 1 と 16 をはかる。

　　(1)$_0 \Rightarrow$ (2)$_1$ (11 か 12 がにせ物(重)か, 13 か 14 がにせ物(軽))

　　　　　　$\Rightarrow$ (3) 11 と 12 をはかる。

　　　　　　$\Rightarrow$ (4) 13 と 14 をはかる。

　　(1)$_0 \Rightarrow$ (2)$_2$ のときも同様。

　(1)$_1 \Rightarrow$ (2) $\{1,2,8\}$ と $\{6,7,3\}$ をはかる。

　　(1)$_1 \Rightarrow$ (2)$_0$ (4 か 5 がにせ物(重)か, 9 か 10 がにせ物(軽))

　　これからのはかり方は (1)$_0 \Rightarrow$ (2)$_1$ の場合と同様。

　　(1)$_1 \Rightarrow$ (2)$_1$ (1 か 2 がにせ物(重)か, 6 か 7 がにせ物(軽))

　　これからのはかり方は (1)$_0 \Rightarrow$ (2)$_1$ の場合と同様。

　　(1)$_1 \Rightarrow$ (2)$_2$ (8 がにせ物(軽)か, 3 がにせ物(重))

　　　　　　$\Rightarrow$ (3) 1 と 8 をはかる。

　(1)$_2$ のときも同様。

(b)

(1) $\{1,2,3,4\}$ と $\{5,6,7,8\}$ をはかる。

　(1)$_0 \Rightarrow$ (2) $\{1,2,3\}$ と $\{9,10,11\}$ をはかる。

答え，ヒント，解き方(第8章)　229

$(1)_0 \Rightarrow (2)_0$ (12 がにせ物)
　　　　$\Rightarrow$ (3) 1 と 12 をはかる。

$(3)_0$ おきない。

$(3)_1$ 12 がにせ物(軽)。

$(3)_2$ 12 がにせ物(重)。

$(1)_0 \Rightarrow (2)_1$ (9, 10, 11 のどれかが軽い)
　　　　$\Rightarrow$ (3) 9 と 10 をはかる。

$(3)_0$ 11 がにせ物(軽)。

$(3)_1$ 10 がにせ物(軽)。

$(3)_2$ 9 がにせ物(軽)。

$(1)_0 \Rightarrow (2)_2$ のときも同様。

$(1)_1 \Rightarrow (2)$ $\{1, 2, 6\}$ と $\{5, 3, 9\}$ をはかる。

$(1)_1 \Rightarrow (2)_0$ (4 が重いか，7, 8 の一方が軽い)
　　　　$\Rightarrow$ (3) 7 と 8 をはかる。

$(3)_0$ 4 がにせ物(重)。

$(3)_1$ 8 がにせ物(軽)。

$(3)_2$ 7 がにせ物(軽)。

$(1)_1 \Rightarrow (2)_1$ (1, 2 の一方が重いか，5 が軽い)
　　　　$\Rightarrow$ (3) 1 と 2 をはかる。

$(3)_0$ 5 がにせ物(軽)。

$(3)_1$ 1 がにせ物(重)。

$(3)_2$ 2 がにせ物(重)。

$(1)_1 \Rightarrow (2)_2$ (6 が軽いか 3 が重い)
　　　　$\Rightarrow$ (3) 1 と 6 をはかる。

230   答え，ヒント，解き方(第8章)

(3)$_0$ 3 がにせ物(重)。

(3)$_1$ 6 がにせ物(軽)。

(3)$_2$ おきない。

(1)$_2$ のときも同様。

問 46　この問題では4つの線分からなる折れ線をこの9つの点の枠内に引くことを考えがちですが，それではできません。

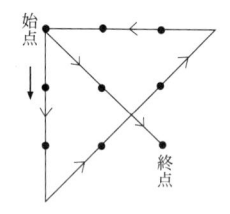

問 47　まわりにおく長方形が互い違いになるようにします。

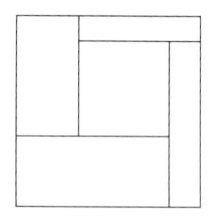

問 48　これは難しい問題で，答えのような図形はなかなか思いつかないかもしれません。

答え，ヒント，解き方(第8章)　231

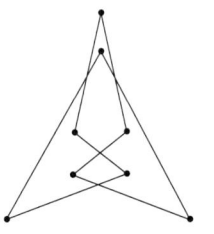

問 49　三角形は3つの鈍角三角形に分けることができますから下の図の答えからたくさんの答えが生まれてきます。

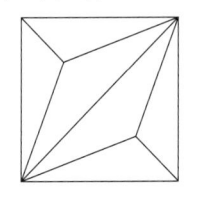

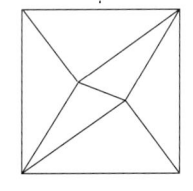

問 50　線分の長さを $2, 2^2, 2^3, \cdots, 2^9, 2^{10}$ としましょう。このとき $1 \leq c < b < a \leq 10$ にとると $2^a \geq 2 \cdot 2^b > 2^b + 2^c$ ですから，これらの線分のどの3つをとっても三角形をつくれません。

問 51　図が答えとなります。

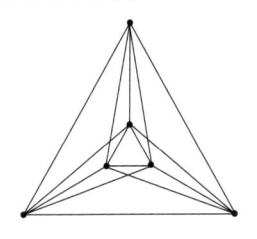

232 答え，ヒント，解き方(第8章)

問 52 可能です．図のようになります．

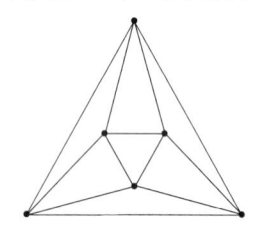

問 53 できます．図のように覆います．

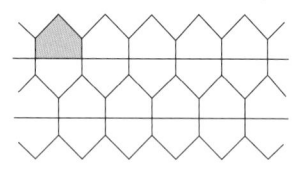

問 54 1つの答えは図のようになります．

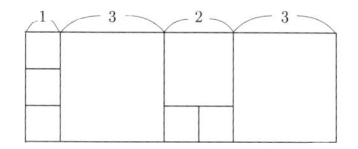

問 55 $1989=43^2+4^2+2\times62$ です．正方形の1辺の長さを1とします．まず $BE=DF=\dfrac{1}{63}$ として，灰色の部分の長方形をそれぞれ1辺が $\dfrac{1}{63}$ の正方形に分割すると 2×62 個の正方形が得られます．次に正方形

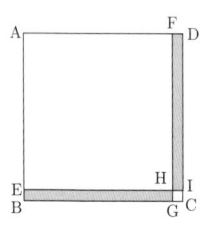

答え，ヒント，解き方(第8章) 233

GCIH の辺を 4 等分して $4^2=16$ 個の正方形が得られます。最後に残った正方形の辺を 43 等分することにより，43^2 個の正方形が得られます。

問 56 三角形 ABC で角 A を最大角とするとき，図のように分けるとできます。

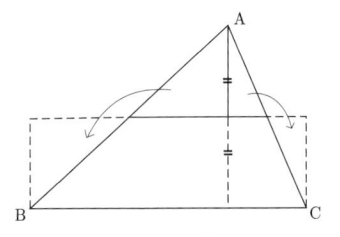

問 57 △AOM≡△COK により ∠MAO=∠KCO です。したがって ∠BAC=∠BCA となり △ABC は二等辺三角形となります。

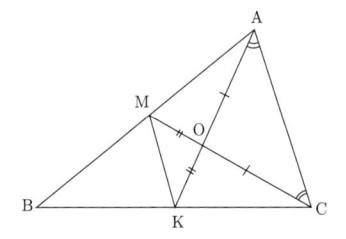

234　答え，ヒント，解き方(第8章)

問58　角 α, β を図のように表わしておきます。△AOB は二等辺三角形なので ∠BAO=∠ABO=β。したがって △AOM≡△BOM。これから ∠CMB=∠CMA が直角であることがわかります。△BMO≡△BKO となり BK=BM となります。2つの直角三角形 AOM, COK は相似ですから ∠MCB=β，したがってまた △BOK≡△COK となります。これから AO=CO となり ∠ACO=α。△ABK と △ACK の内角をみることにより $2\beta+\beta=2\alpha+\beta$。これから $\alpha=\beta$。したがって ∠A=∠B=∠C となり △ABC は正三角形となります。

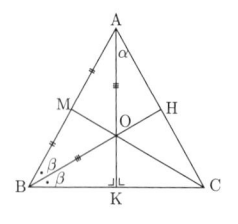

問59　△ACD と △BFE が合同であることを示します。

問60　△BOC は二等辺三角形ですから BO=CO です。仮定の BK=CH により OH=OK となります。これから △BOH≡△COK がわかります。特に HB=KC，∠CHB=∠BKC=直角です。直角三角形 AOH と AOK が合同となるので AH=AK です。△ABC で中線 BK と垂線が一致していますから，AB=BC です。一方，AB=AH+HB=AK+KC=AC です。したがって AB=BC=AC

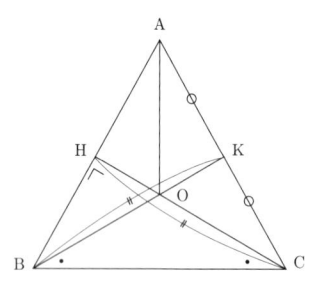

となり，△ABC は正三角形となります。

［別解］C から BK へ垂線 CL を引きます。△BCH≡△CBL となりますから，BL=CH=BK（仮定による）。したがって L=K となり，BK は垂線であることがわかります。 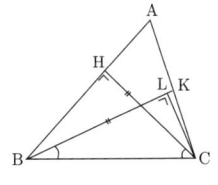
したがって AB=CB です。△ABK≡△ACH により AB=AC となり，3 辺が等しくなって △ABC は正三角形となります。

問 61 図のように各辺と対角線の長さを表わすことにします。

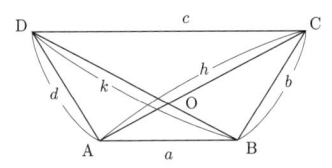

このとき条件は

$$\begin{cases} a+b+h = a+d+k \\ c+b+k = c+d+h \end{cases}$$

と書かれます。これから

$$\begin{cases} b+h = d+k \\ b+k = d+h \end{cases}$$

となり，辺々を足すと $b=d$ が得られます．これから $h=k$ もわかります．△ABD≡△BAC より △OAB は二等辺三角形になりますから AO=BO です．

問62 仮定は星型の外に突き出ている5つの三角形の2辺を比べると，そのうち左の図の太い線で描かれた方が長いことをいっています．このときには，対応する角の大小は右の図のようになっています．ACEGIA と一巡すると，この角の大小関係は下の右図で示しているように ∠A>∠C>∠E>∠G>∠I>∠A となり，矛盾を導くことがわかります．

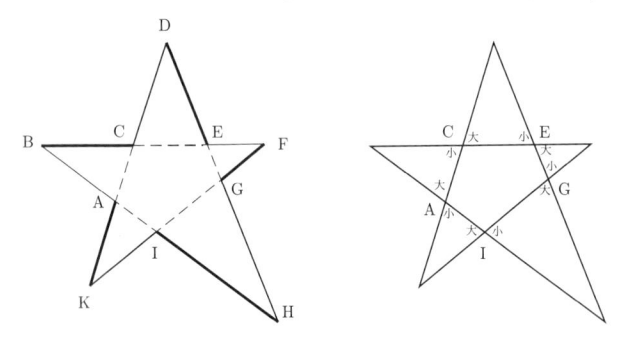

問63 男の子が b 人，女の子が g 人いるとします．$b>g$ です．またマフィン1個の値段を m セント，サンドウィッチ1個の値段を s セントとします．
$$bm+gs = bs+gm-1$$
から
$$1 = (b-g)(s-m) = 1 \cdot 1$$

となり，$b-g=1$ がわかります．答えは 1 人です．

問 64 男子の生徒数を a 人，女子の生徒数を b 人とします．そうすると $31 \leqq a+b \leqq 2 \times 19=38$ です．男子の生徒を a 個の点，女子の生徒を b 個の点で表わすと，a 個の点のそれぞれから 3 本の線が b 個の点に向かって延び，また b 個の点のそれぞれから 2 本の線が a 個の点に向かって延びています．この線の本数を数えると，

$$3a = 2b$$

という関係が得られます．これから a が偶数であることがわかります．また

$$62 \leqq 2a+2b \leqq 76$$

すなわち

$$62 \leqq 5a \leqq 76$$

これから $a=13, 14, 15$ となり，したがって $a=14$ です．このとき $b=21$ となります．こうして生徒の総数は 35 人となります．

問 65 両チームのポイントの合計は，1 種目終わるごとに，引き分けなければ 5 増え，引き分ければ 4 増えます．引き分けが x あったとすると

$$5(10-x)+4x = 46$$

ですから $x=4$，したがって引き分けは 4 つです．

問 66 これは連立方程式を使った方が早く解けます．1 人目，2 人目，3 人目，4 人目の人の払った金額を x ドル，y ドル，z ドル，w ドルとすると

$$x = \frac{1}{2}(y+z+w)$$
$$y = \frac{1}{3}(x+z+w)$$
$$z = \frac{1}{4}(x+y+w)$$
$$w = 130$$

となります．これを解くと $x=200, y=150, z=120$ で，ボートの代金は 600 ドルです．

問 67 往復すると，登りと下りの距離はそれぞれ 2 つの村の間の距離 x に等しくなります．したがって

$$\frac{x}{30}+\frac{x}{15} = 4$$

となり $x=40$．答えは 40 キロメートル．

問 68 $45045=3\times3\times5\times7\times11\times13$ です．もし $ab(a-b)=45045$ となる a,b があるとすると，a,b はこの右辺に現われているいくつかの素数の積です．したがって a,b は奇数，$a-b$ は偶数となります．45045 は奇数ですから，こんなことはおきません．

問 69 最初の数を n とすると，3 つの連続した数の和は $3n+3$ となり，またそれにつづく 3 つの連続した数の和は $3n+12$ となります．したがってもし 111111111 がこのような積で表わされるならば

$$(3n+3)(3n+12) = 111111111$$

答え，ヒント，解き方(第8章)　239

となりますが，$3n+3$ と $3n+12$ は差が奇数なので一方が奇数で他方は偶数となり，この左辺は偶数となって矛盾します．

問 70　$1, 2, 3, \cdots, 1985$ のそれぞれの素因数分解を考えてみると，全体として素数2は素数5にくらべてはるかに多く現われます．したがって $1985!$ から $2^n 5^n$ をすべてくくり出した残りは偶数となっています．（実際計算してみると，5の現われる数は494，2の現われる数は1979で，したがって $1985! = 10^{494} \times$ 偶数　となります．）

問 71　与えられた関係式を $34x+34y=43y+34y$ すなわち $34(x+y)=77y=7\cdot 11y$ と書き直してみると $x+y$ は 7 と 11 で割れなければならないことがわかります．

問 72　ありえません．$a+b$ が a を割り切るためには，a, b が異符号でなくてはなりません．しかしそのときには $|a-b|>|b|$ となり，$a-b$ は b を割り切ることはできません．

問 73　与えられた式を

$$q+p+1 = \frac{pq}{n}$$

と書き直してみると，$n=1, p, q, pq$ の場合しかおきません．それぞれの場合に確かめてみると，$n=1$ のときだけであることがわかります．答えは $p<q$ とすると $p=2, q=3, n=1$ です．

問 74　そのような数の数表示に現われた各桁の数の和は
$$1+(2+2)+(3+3+3)+\cdots+(9+9+\cdots+9) = 285$$

です。2+8+5=15 は 3 で割れますが，9 では割れません。したがってこの数は 3 では割り切れますが 3^2 では割り切れない数となっています。もしこの数がある数の 2 乗となっていれば，3 で割れるのですから 3^2 でも割り切れなくてはなりません。

問 75 a, b, c, d が $ab-cd$ で割り切れたとします。
$$a = k(ab-cd), \quad b = l(ab-cd),$$
$$c = m(ab-cd), \quad d = n(ab-cd)$$
とすると $ab-cd=(kl-mn)(ab-cd)^2$ となって，これから 1 $=(kl-mn)(ab-cd)$ となり $ab-cd$ は $+1$ か -1 でなければならないことがわかります。

問 76 できません。1000 ドル札，100 ドル札，10 ドル札，1 ドル札の枚数をそれぞれ a, b, c, d とします。このとき
$$1000 \times a + 100 \times b + 10 \times c + 1 \times d = 1000000$$
$$a+b+c+d = 500000$$
が成り立たなくてはなりません。上の式から下の式を引くと
$$999 \times a + 99 \times b + 9 \times c = 500000$$
となります。左辺は 9 で割り切れますが，右辺は 9 では割り切れません。

問 77 9 で割った余りを考えるとうまくいきます。問 29 で使った各桁の数の和の定理(A)「自然数 N を 9 で割った余りと，その各桁の数の和 N' を 9 で割った余りが等しい」の証明の中の記号を使います。N の次に黒板に書かれる数は $M=N+N'=2N-9c$ です。N を 9 で割った余りを r とする

と，$N=9k+r$ と書けるので $M=9(2k-c)+2r$ となり，M を 9 で割った余りは $2r$ を 9 で割った余りになります。したがって 1 から始めて黒板に書かれる数 $1, 2, 4, 8, 16, 23, 28, 38, \cdots$ を 9 で割った余りは $1, 2, 4, 8, 7, 5, 1, 2, \cdots$ と繰り返されて続いていきますが，この中に 123456 を 9 で割った余り 3 は現れません。したがって 123456 が黒板に書かれることはありません。

問 78
$$3999991 = 4000000 - 9 = 2000^2 - 3^2$$
$$= (2000-3)(2000+3)$$
$$= 1997 \times 2003$$

問 79 (a) 条件から各桁の数に 0 は出ません。求める数が偶数であることはすぐわかりますから，したがって 5 も出ないことになります。5 があると，2 と 5 で割り切れるため最後が 0 になってしまいます。

したがって求める 7 桁の数の各桁に現われる数は，1, 2, 3, 4, 6, 7, 8, 9 の中から 1 つの数 x を除いた数となります。3 の倍数は 1 から 9 までの間に 3 つありますから，求める 7 桁の数はかならず 3 で割れる数となります。問 29 の解答で示した定理(A)と同様に「自然数 N を 3 で割った余りと，その各桁の数の和 N' を 3 で割った余りが等しい」が示せますから，各桁の数の和は 3 で割れなくてはなりません。すなわち $(1+2+3+4+6+7+8+9)-x=40-x$ は 3 で割れなくてはなりませんから，除く数の候補は 1, 4, 7 となります。し

たがってどれかの桁に9が入ることになり，求める7桁の数は9で割れなくてはなりません。上と同じ考え方で，$40-x$は9で割れなくてはなりません。1, 4, 7でこの条件をみたすものは4だけです。したがって各桁に現れる7個の数は

$$1, 2, 3, 6, 7, 8, 9$$

です。求める7桁の数を$\overline{abcdefg}$とすると，この数は9で割り切れることはわかっていますから，3でも割り切れます。あと7と8で割り切れることがいえれば，2と4でも割り切れ，したがって6でも割り切れ，これが求める数となります。

ここで問29で説明した定理(B)「余りについての補助定理」を何度か使えば，「足し算(引き算もよい)，掛け算(割り算はだめ)を使って表わされた数Nをnで割った余りは，現われる数のいくつかをnで割った余りでおきかえた数N'をnで割った余りに等しい」が示せます。そこでの記号でNがnで割れる条件はN'がnで割れることになるのです。$10, 10^2, 10^3, 10^4, 10^5, 10^6$を7で割った余りは3, 2, 6, 4, 5, 1で，8で割った余りは2, 4, 0, 0, 0, 0ですから，求める条件は，$\overline{abcdefg} = a \times 10^6 + \cdots + g$が7でも8でも割れる条件，すなわち

$$\begin{cases} a+5b+4c+6d+2e+3f+g \text{ が7で割れる}, \\ 4e+2f+g \text{ が8で割れる} \end{cases}$$

で与えられます。たとえば $\overline{efg}=128$ とすると $\overline{abcd}=6379$ は適します。

例：6379128, 2789136, 7916328。コンピュータで調べてみると，解は105個あります。この中で最小のものは1289736，最大のものは9867312です。

(b) (a)と同じ考え方で，8桁のとき使う数は1, 2, 3, 4, 6, 7, 8, 9ですが，その和 $1+2+3+4+6+7+8+9=40$ は3で割れませんからから，このような8桁の数はありません。

問80 問29の解答で示した定理(A)から次々に現われる数を9で割った余りは同じです。問29の解答で使った定理(B)のように最初の 19^{100} を9で割った余りは，19を9で割った余り1でおきかえた $1^{100}=1$ を9で割った余り1です。最後の1桁の数を9で割った余りはその数自身ですから答えは1です。

問81 素数 p を30で割った結果を $p=30r+q$ と表わすと，q は $1, 2, 3, \cdots, 29$ のどれかですが，q が1か素数でなければ q は2か3か5では割り切れますから，30と q は1より大きい共通の約数をもつことになり，それは素数 p を割ってしまうことになります。

問82 $1980=2\times2\times3\times3\times5\times11$ です。ここに2桁の素数11が入っているので，この数をある自然数の桁の数字の積として表わすことはできません。

問83 $\overline{x_n\cdots x_3x_22}\times2=\overline{2x_n\cdots x_3x_2}$ より $x_2, x_3, \cdots$ と決まっていきます。答えは105263157894736842です。

問 84 問 29 の解答で使った定理(B)を使います。$10, 10^2, 10^3, 10^4, 10^5$ を 7 で割った余りは $3, 2, 6, 4, 5$ ですから，$\overline{abc} - \overline{def}$ が 7 で割れる条件は $x = 2a + 3b + c - 2d - 3e - f$ が 7 で割れる，$\overline{abcdef}$ が 7 で割れる条件は $y = 5a + 4b + 6c + 2d + 3e + f$ が 7 で割れる，ですが，$y = 7(a+b+c) - x$ は x が 7 で割れるので 7 で割れます。

問 85 まず 2 桁の数でこのような数があるかないかを調べてみます。

$$4(10a+b) = 10b+a$$

とすると

$$39a = 6b \quad \text{すなわち} \quad 13a = 2b$$

となりますが，b は 13 で割れないので成り立ちません。したがって 2 桁の数ではありません。

次に 3 桁の数で調べてみます。

$$4(100a+10b+c) = 100c+10b+a$$

とすると

$$399a + 30b = 96c$$

すなわち

$$133a + 10b = 32c$$

となります。a は偶数でなくてはなりませんから，$a = 2a'$ とおくと

$$133a' + 5b = 16c$$

$16 \times 8 = 128 < 133$ ですから $c = 1, 2, \cdots, 8$ ではこの式は成り立ちません。$c = 9$ のときには

$$133a'+5b = 16 \cdot 9 = 144$$

ですが,この式は $a'=1$ のときだけ調べればよく,このときもやはり成り立ちません.したがって3桁の数ではありません.

4桁の数で調べます.

$$4(1000a+100b+10c+d) = 1000d+100c+10b+a$$

とすると

$$3999a+390b = 60c+996d$$

すなわち

$$1333a+130b = 20c+332d$$

この式から a は偶数ですから,$a=2a'$ とおきます.

$$1333a'+65b = 10c+166d$$

$c, d \leqq 9$ に注意すると,$a'=1$ のとき以外にはこの等式は成り立たないことがわかります.$a'=1$ のとき,b は奇数となり,したがって左辺の数の1位の桁の数は8です.したがって $d=3$ か 8 ですが,大きさをくらべてみると3でないことがわかります.$d=8$ のとき $166 \times 8 = 1328$,このとき $b=1$, $c=7$ で成り立ちます.

したがって求める答えは 8712 です.

問86 3桁の自然数を $a \cdot 10^2 + b \cdot 10 + c$ とします.これをひっくり返した $c \cdot 10^2 + b \cdot 10 + a$ との差は $(a-c)10^2 + (c-a)$.$a-c \geqq 2$ すなわち $c-a \leqq -2$ に注意してこれを10進表記に書きなおすと

$$(a-c-1)10^2 + 9 \times 10 + \{10+(c-a)\}$$

したがってこれをひっくり返した数の10進表記は
$$\{10+(c-a)\}10^2+9\times10+(a-c-1)$$
となります。これから求める和は $9\times10^2+18\times10+9=1089$ であることがわかります。

問 87 $2^3=8<9=3^2$ ですから，$2^3<3^2$。この両辺を100乗すると $2^{300}<3^{200}$ がわかります。

問 88

$$\frac{31^{11}}{17^{14}} < \frac{31^{11}}{16^{14}} < \frac{32^{11}}{16^{14}} = \left(\frac{32}{16}\right)^{11}\cdot\frac{1}{16^3}$$
$$= 2^{11}\times\frac{1}{2^{12}} = \frac{1}{2}$$

したがって $31^{11}<17^{14}$ です。

問 89 $50^{99}>99!$ となります。このことは
$$99! = 1\cdot2\cdots(50-n)\cdots50\cdots(50+n)\cdots99$$
と
$$\frac{(50-n)(50+n)}{50\cdot50} = \frac{50^2-n^2}{50^2} < 1$$
に注意するとわかります。

問 90 $m=444\cdots4$, $n=333\cdots3$ とすると
$2m\times n = 888\cdots8\times333\cdots3 = m\times2n = 444\cdots4\times666\cdots6$
したがって
$$888\cdots8\times333\cdots3 < 444\cdots4\times666\cdots67$$
です。

問 91 3桁の数の総数は900です．3桁の数の積として

表わされる数は3桁の数 a と b をとると決まりますが，特に $a \neq b$ のときには $ab=ba$ に注意すると，その総数は $\dfrac{900 \times 900}{2} + \dfrac{900}{2}$ より大きくないことがわかります。ところで $\dfrac{900 \times 900}{2} + \dfrac{900}{2} = 405450$ で，6桁の数の総数 900000 の半数に達しません。したがって3桁の数の積として表わされる数の方が，そうでない数より少ないことになります。

問 92 n 個の三角形を積み上げていくことでこのようなことができたとします。このとき頂点に現われている数を全部加えると
$$(1+2+3) \times n = 6n$$
となります。これは 55×3 に等しくなければなりませんが，$6n$ は偶数，55×3 は奇数ですからこれは不可能です。

問 93 そのように配列することはできません。

いまそのように 15 個の数を円周に沿って配列することができるとします。その数を並んでいる順に $a_1, a_2, \cdots, a_{15}$ とします。円周に沿って並んでいる4つの数の和をとり，それらを次々と足していきます。式で書くと
$$(a_1+a_2+a_3+a_4)+(a_2+a_3+a_4+a_5)+$$
$$\cdots+(a_{14}+a_{15}+a_1+a_2)+(a_{15}+a_1+a_2+a_3)$$
となり，これは $4(a_1+a_2+\cdots+a_{14}+a_{15})$ に等しくなり，偶数です。一方，この1つ1つのカッコの値は1か3で，したがって1か3の15個の和となっています。奇数の奇数個の和は奇数となります。こんなことはおこりえません。

問 94

$$\underbrace{1,1,\cdots,1}_{1000},2,1000,\quad \underbrace{1,1,\cdots,1}_{1000},10,112,\quad \underbrace{1,1,\cdots,1}_{1000},28,38$$

のようなものが答えになります。

一般に「その和がその積に等しいという自然数 $n(\geqq 3)$ 個を求めなさい」という問題に対しては

$$\underbrace{1,1,\cdots,1}_{n},k,l$$

とおくと

$$(n-2)+k+l = kl$$

から

$$(n-2)+1 = kl-k-l+1 = (k-1)(l-1)$$
$$n-1 = (k-1)(l-1)$$

という関係が得られます．したがって $n-1$ を2つの因数に分ける仕方に応じて解が得られます．特に

$$n-1 = 1\cdot(n-1)$$

ですから $k=2,\ l=n$ とおくと

$$\underbrace{1,1,\cdots,1}_{n},2,n$$

は，どんな n に対しても解になっています．

問 95 2^{1989} を m 桁，5^{1989} を n 桁の数とすると

$$10^m \cdot 10^n > 2^{1989} \cdot 5^{1989} > 10^{m-1} \cdot 10^{n-1}$$

となり，

答え，ヒント，解き方(第8章)　249

$$10^{m+n} > 10^{1989} > 10^{m+n-2}$$

となります．したがって

$$m+n > 1989 > m+n-2$$

これから

$$m+n = 1990$$

がわかり，答えは 1990 桁となります．

問 96　ラッキィな切符 268592 に対して 268407 の数字をもつ切符を対応させます．ここで 407=999−592 です．この数字の和は 27 です．このことが一般に成り立つことは次のようにしてわかります．切符の数字を $a\cdot10^5+b\cdot10^4+c\cdot10^3+d\cdot10^2+e\cdot10+f$ と表わします．このとき，下 3 桁を 999 から引いた数字は

$$a\cdot10^5+b\cdot10^4+c\cdot10^3+\{999-(d\cdot10^2+e\cdot10+f)\}$$
$$= a\cdot10^5+b\cdot10^4+c\cdot10^3+(9-d)10^2+(9-e)10+9-f$$

と表わされます．この数字の各桁の数の和は

$$a+b+c+(9-d)+(9-e)+(9-f) = 27$$

です．そこで一般に，ラッキィな切符 $\overline{abcdef}$ に対して $\overline{abc(9-d)(9-e)(9-f)}$ の数字の切符を対応させます．この対応は 1 対 1 で，したがってラッキィな切符の総数と数字の和が 27 となる切符の総数は一致しています．

問 97　14+8−3=19 人が答えです．

問 98　1辺の長さが 1 メートルの正三角形をとると，この少なくとも 2 つの頂点には同じ色が塗られています．

問 99　そのような線分が 1 つもなかったと仮定して矛盾

の生ずることをみることにします。そうすると1つ白い点Pをとると、Pを中心にして、白い点の対称点は黒い点となります。Pの左右にそのような対称点A, A'をとります。Aは白、A'は黒い点とします。PA'の延長上に、PA'と同じ長さのところに点Q'をとります。いまQ'が黒とします。

```
   A      P      A'      Q'      B
———●——————○——————●——————●——————○———
```

このときQ'に関してA'と対称な点Bは白となります。もし、A'Q'の中点が白ならば線分PBが条件をみたし、黒ならばA'Q'が条件をみたすことになり、仮定に矛盾します。

次にQ'を白とします。Q'のPに関する対称点をQとします。

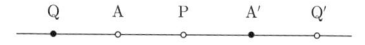

```
   Q      A      P      A'      Q'
———●——————○——————○——————●——————○———
```

このときQは黒となります。上と同じように今度はAPの中点が白であってもまた黒であっても矛盾が生じます。したがって背理法で、端点と中点が同じ色の線分が少なくとも1つあることがわかりました。

問100 背理法で証明します。どの1×2の牌のペアも2×2の四角を覆わないとします。このとき対角線に並ぶマス目を覆う牌に注目します。どちらも同じですから(1,1)のマス目を覆

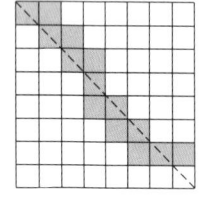

う牌は横におかれているとします。もし対角線のマス目を覆う牌がすべて横におかれていると，最後の $(8,8)$ のところで横に 1 つはみ出てしまいます。したがってどこかで最初に縦におかれた牌で，対角線のマス目を覆うものがあります。もしこのあとずっと牌が縦におかれているならば，$(8,8)$ のところで，下に 1 つはみ出してしまいます。したがってどこかでまた横に牌をおくことになります。図を見るとわかりますが，このとき最初と同じ推論を繰り返していくことができます。どのようにしても $(8,8)$ のところで 1 つ余分が出てくるのです。（なおこの証明では，$(8,8)$ の盤でなくとも $2n \times 2n$ $(n \geq 1)$ の盤でも同じことがいえます。）

問 101 できません。2×2 の四角の中の数字を 1 つずつ増やすと，真ん中のマス目の数は 1 つずつ増していき，また四隅の数の和も 1 つずつ増していきます。したがって最後の結果を真ん中のマス目を 18 に，四隅の数の和の合計を $4+5+6+7=22 (\neq 18)$ とするようにはできません。

問 102 バスの許容最大人数を a 人とします。過密のバスを x 台，そうでないバスを y 台とします。過密のバスに乗っている子供の数を A，そうでないバスに乗っている子供の数を B とします。

$$\frac{1}{2}ax < A, \quad \frac{1}{2}ay \geq B$$

です。これから $\dfrac{x}{y} < \dfrac{A}{B}$ となり，$\dfrac{x}{x+y} < \dfrac{A}{A+B}$ がわかります。したがって過密のバスのパーセンテージより，過密

のバスに乗っている子供のパーセンテージが大きいことがわかります.

問 103 6歳から11歳の年齢の中で，i 個の年齢に共通に使われる問題の個数を a_i とします．

$$a_1 = 3 \cdot 6, \quad a_1 + 2a_2 + 3a_3 + 4a_4 + 5a_5 + 6a_6 = 8 \cdot 6$$

これから

$$a_2 = 15 - \frac{3a_3 + 4a_4 + 5a_5 + 6a_6}{2}$$

したがって問題の総数は

$$a_1 + a_2 + a_3 + a_4 + a_5 + a_6 = 18 + 15 - \frac{a_3 + 2a_4 + 3a_5 + 4a_6}{2}$$

$$\leqq 33$$

ここで等号が成り立つときが最大のときです．たとえば 6, 7 歳に共通問題が 5 個，8, 9 歳に共通問題が 5 個，10, 11 歳に共通問題が 5 個とつくったときです．

問 104 A にいる人はジョンより低いか同じで，この人よりメアリは低いか同じですから，結局ジョンの方がメアリより高いか同じです．

問 105 正五角形の頂点に 1, 2, 3, 4, 5 と番号をつけます．対角線上で 3 つのポーンを動かすことは，図の円周上で対応する番号の点の上で 3 つのポーンを動かすことと同じです．このとき 3 つのポーン

は互いに追い越すことはできないのですから，1つのポーンがもとの位置にあるとき，残りの2つが場所を入れ替えることはできません。

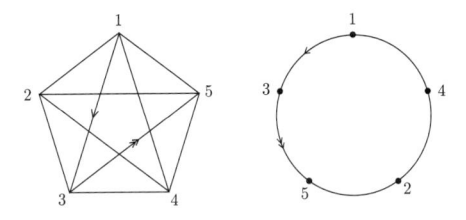

問 106 ここに書かれている6つの数がすべて同符号とすると，正であっても負であってもこれらの数を全部かけるとその結果は正になるはずです。しかし
$$ab\cdot cd\cdot ef\cdot(-ac)\cdot(-be)\cdot(-df) = -(abcdef)^2 < 0$$
ですから，このようなことはおきません。

問 107 まず3×3の立方体の中央にあるキューブ(小立方体)を考えるとここには6つの面があります。これらの面はすべて内部にありますから，これを他のキューブと切り離すためには少なくとも6回斧を使わなくてはなりません。左図で示したように A, B, C, D に沿って斧をいれ，右図のように3つにつながった9個のキューブを取り出し，これを9個積んで2回斧を用いることにより，27個のキューブがばらばらになります。この操作では6回斧を使っています。したがって最低6回というのが答えになります。

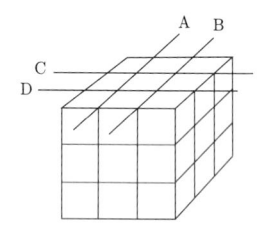

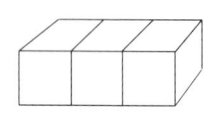

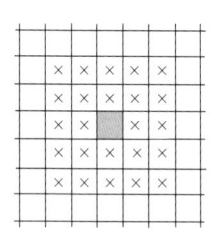

254   答え，ヒント，解き方(第8章)

問 108 背理法で示すことにします。問題の中に示されている図形に対してはすべて5色の異なる色で塗られていたとします。そうすると図で×のつけられているところではカゲをつけた部分と異なる色を使わなくては
なりません。つまり，2つのマス目があって，横のずれと縦のずれがともに2マス以下ならば，その2つのマス目は異なる色になります。すると3×3の中の9つのマス目はすべて異なる色となり，矛盾です。

問 109 答えは63です。

まず6桁の数123056の場合を考えてみます。ここに数字を1つ挿入して7桁の数がいくつできるかをみるとよいのですが，1の前には1から9の数字をおくことができ，1,2,3,0,5,6の後には0から9までの数字をおくことができます。これで$10 \cdot 7 - 1 = 69$個の7桁の数が得られます。しかしたとえば12$\overset{\vee}{3}$3056と123$\overset{\vee}{3}$056は同じ数になるように，iの前または後にiをおいたものは同じ7桁の数となりますか

ら，結局答えは 69−6=63 となります．

次に同じ数字が入っている 6 桁の数，たとえば 111011 を考えてみます．このときも 111 に 1 を挿入したもの 4 個はすべて同じ 7 桁の数となり，11 に 1 を挿入したもの 3 個も，0 の前後に 0 を挿入したもの 2 個も同じとなります．したがってこの場合も求める 7 桁の数の個数は

$$10 \cdot 7 - 1 - 3 - 2 - 1 = 63$$

となります．

問 110 一番多い場合は 1001 枚買わなくてはなりません．
000 | 001, 000 | 002, ⋯, 000 | 999, 001 | 000, 001 | 001
のときは 1001 枚買う必要があります．

$\overline{abcdef}$ で $\overline{abc} \geqq \overline{def}$ のときは $\overline{abcdef}$ からスタートして下から 1 つずつ番号をあげていって $\overline{abcabc}$ に達するのは 1000 個以下でできます．$\overline{abc} < \overline{def}$ のときは

$$\overline{abcdef} \to \cdots \to \overline{abc999} \to \overline{a'b'c'000} \to$$
$$\cdots \to \overline{a'b'c'abc} \to \overline{a'b'c'a'b'c'}$$

は

$$\overline{a'b'c'} \leqq \overline{def}$$

により 1001 個以下でできます．

問 111 最多勝利チーム(の 1 つ)を A，A に勝ったチームを $B_1, B_2, \cdots, B_m$，A に負けたチームを $C_1, C_2, \cdots, C_n$ とします．A はどの C_j よりも強いのです．このときどの B_i もある C_j には負けています．その理由はもし B_i がすべて

の C_j に勝っていたら，その B_i は A にも勝っているので A より勝ち数が多くなって矛盾となるからです．結局 A>C_j>B_i となって A は B_i より強いことになります．

問 112　不可能です．直線と内部にある格子線との交点はせいぜい 19+29=48 ですから，直線は格子線によりせいぜい 19+29+1=49 個の線分にしか分けられません．したがって交わるマス目はせいぜい 49 個です．

なお対角線を少し平行移動した直線のとき 49 個となります．

問 113　もしそうでないとすると，隣接する2つのマス目の数字の差は4以下なので，n 回となりに移って移れる2つのマス目の数字の差は $4n$ 以下です．1 をおいたマス目から 64 をおいたマス目には，横に 7 回以下，縦に 7 回以下移って移れますから，差は 4×(7+7)=56 以下になるはずですが，これは矛盾です．

解説

先生，答え言わないで！の時間
―― 分からない楽しさ

佐藤 雅彦

　東京は築地，本願寺の脇にある古いビルの一角で，人知れず，勝手に盛り上がっている数人のグループがあった。元気のない日本と言われているが，ここだけは，やけに熱気を帯びている。いったい何に盛り上がっているのかと言えば，なんと数学の問題を解くことだけに盛り上がっているのである。

「先生，答え言わないで！」
「ヒントも出さないで」
「お願いだから，もうちょっと考えさせて」

　私は，これまで教育方法・表現方法をテーマに研究してきたが，数年前，慶應義塾大学の私の研究室に入ってきた学生に数学の好きなグループがいた。かねてから数学教育の新しい本を著せたらと考えていたこともあり，大学院へ進んだ彼らと一緒に数学の勉強会を立ち上げることになった。しかし，いざ始める頃には東京藝術大学に私の籍が移り，慶應の

方の学生たちは私の個人事務所がある築地に月一で土曜日に集まることとなった。

　まずは，教科書となるべき書籍を見つけることにした。各人が，候補となる書籍を大学の図書館や書店などで探し出し，持ち寄り，それを大きい机に全部並べた。三，四十冊はあったかと思う。その一冊一冊を吟味し，自分たちがその後，数年間付き合う教科書を選んだ。悩んだ末，最後の一冊に残ったのが，『数学のひろば Mathematical Circles: Russian Experience』という表題の付いたソフトカバーの書籍であった。目次を見ると，「パリティ(偶奇性)」「鳩の巣箱の原理」「ゲーム」といった他の比較した書籍にはないワクワクする項目が並んでいる。本文には，解いたことのないような文章題が惜しげもなくひしめき合っている。実は，佐藤研究室には入研試験があり，その試験問題には，発想力と考察力そして何よりも新しい問題を楽しんで解く力があるかどうかが推し量れるような数学が，ある比重を占めていた。例えば，鳩の巣原理を使うと解ける食堂の定食の組み合わせの問題やゲーデル数を使った暗号の問題など，その入研試験に出てきたような問題にも通じるユニークさをみんなが感じた。それを見た私たちは，他の名著を棄却し，この一冊に，学生にとっては青春の一時期，私にとっては限られた残りの人生のあるまとまった時間をかける勇気を与えられたのであった。教科書なので，各人，購入した方がいいと思い調べると，悲しいかな，絶版であった。なんとか，古本を見つける

まで，その図書館から借りた一冊で乗り切ることにした。

この数学の勉強会をどのように運営していくかということをみんなで話し合い，そして次のように決めた。

1. 章ごとにチューター役を決める。
2. チューターは，教科書である『数学のひろば Mathematical Circles: Russian Experience』を中心にレジュメを作る。
3. そのレジュメに沿って，チューターは解説し，他のメンバーに問題を解かせる。
4. チューターは輪番制とする。

かくして，どこに辿り着くとも分からない船旅が始まった。まず私が，第1章「パリティ」を担当し，チューター役を務めた。一回目から，この新しい数学の楽しさにみんな目覚めた。「パリティ(偶奇性)」という考え方を知るやいなや，どう対応していいか分からなかった問題群が，込み入った紐の結び目がするする解けるように，解けたのである。毎回，ペンチやのこぎりといった便利な道具を与えられたかのような気持ちになって，新しく手に入れた概念の道具を使いたくてしょうがなくなるのである。時として，どういうふうに使っていいものか，分からないこともあったが，悩むこと自体に面白さがあることも分かってきた。

そのうち，地方の本屋さんの倉庫に，この本が一冊だけ眠

っているということなども分かり，苦労を経て，三部作の全てを一冊ずつ手に入れることができた。

　一年後，やっと一冊目が終わった。かなり丁寧な(のんびりとも言う)進み具合であった。私は，少なからぬ達成感を胸に，その時，あらためて「日本版にあたって」という訳者のまえがきを読んだ。迂闊であった。そこになんと，知った名前があったのである。岩波書店の浜門さんという名前であった。実は，十年ほど前に，数学の本を作りませんかと，私を訪ねてきた方がいた。その方が浜門さんであったのだ。その時は，時期尚早ということもあり，せっかくの申し出を受けることはなかったが，その方のお名前を，その希少性ゆえに憶えていたのであった。

　さっそく，過去のメールを検索し，十年前の浜門さんとのメールを探し出した。もちろん，浜門さんが編集したその本で勉強会をやっていることを伝えるためである。翌日，喜びに満ちた返信が戻ってきた。そして，なんと翌月から，浜門さんもその勉強会に参加することとなった。我々と同じように，問題を解き，悩み，楽しみ，発表もした。そして，その得た楽しさと裏腹に，この本が絶版になっていることをみんなで悔しんだ。勝手で余計なお世話この上ないが，この盛り上がりを日本中で発生させたかった。

　一年後，我々の思いが通じたのか，とても嬉しいニュースが浜門さんからもたらされた。この本が文庫版として復刊す

るというのである。

　そして今，私はその文庫版のこの頁にこの文章を載せている。なんという世の流れ，なんという巡り合わせ。でも，それは決して，偶然に身を任せた結果ではない。この頁まで自分を辿り着かせたのは，数年前，数十冊の数学の本を前に，みんなで，自分たちの人生のある一時(いっとき)をかける本として選び抜いた意志なんだと思うのである。

「先生，答え言わないで」「もう少し，考えさせて」「ヒントも言わないで」
　こんな会話や思いが，日本中で増えることを思うと，それだけで，とても嬉しくなる。
　昨今の，衰退する経済，自殺の多さ，形骸化する組織，革新的な新製品の欠乏，そんな日本の閉塞状況を打開する道は，個人個人が「考えることの面白さ」を習得し，「未知なるものをおそれず，分からないことに対して楽しみ向かう」ところから始まると感じているからである。(第2冊に続く)
　　(さとうまさひこ／東京藝術大学大学院　映像研究科教授)

本書は1998年に岩波書店から刊行された『数学のひろば――柔らかい思考を育てる問題集 I・II』と『数学のひろば　別冊――1年目，2年目用の問題解答』を改題し，3分冊に再構成したものの第1冊である．

やわらかな思考を育てる数学問題集 1
D. フォミーン,S. ゲンキン,I. イテンベルク

2012 年 11 月 16 日　第 1 刷発行
2023 年 7 月 14 日　第 8 刷発行

訳　者　志賀浩二　田中紀子

発行者　坂本政謙

発行所　株式会社 岩波書店
　　　　〒101-8002 東京都千代田区一ツ橋 2-5-5

案内 03-5210-4000　営業部 03-5210-4111
現代文庫編集部 03-5210-4136
https://www.iwanami.co.jp/

印刷・法令印刷　カバー・精興社　製本・中永製本

ISBN 978-4-00-600275-6　Printed in Japan

岩波現代文庫創刊二〇年に際して

二一世紀が始まってからすでに二〇年が経とうとしています。この間のグローバル化の急激な進行は世界のあり方を大きく変えました。世界規模で経済や情報の結びつきが強まるとともに、国境を越えた人の移動は日常の光景となり、今やどこに住んでいても、私たちの暮らしは世界中の様々な出来事と無関係ではいられません。しかし、グローバル化の中で否応なくもたらされる「他者」との出会いや交流は、新たな文化や価値観だけではなく、摩擦や衝突、そしてしばしば憎悪をも生み出しています。グローバル化にともなう副作用は、その恩恵を遥かにこえていると言わざるを得ません。

今私たちに求められているのは、国内、国外にかかわらず、異なる歴史や経験、文化を持つ「他者」と向き合い、よりよい関係を結び直してゆくための想像力、構想力ではないでしょうか。

新世紀の到来を目前にした二〇〇〇年一月に創刊された岩波現代文庫は、この二〇年を通して、哲学や歴史、経済、自然科学から、小説やエッセイ、ルポルタージュにいたるまで幅広いジャンルの書目を刊行してきました。一〇〇〇点を超える書目には、人類が直面してきた様々な課題と、試行錯誤の営みが刻まれています。読書を通した過去の「他者」との出会いから得られる知識や経験は、私たちがよりよい社会を作り上げてゆくために大きな示唆を与えてくれるはずです。

一冊の本が世界を変える大きな力を持つことを信じ、岩波現代文庫はこれからもさらなるラインナップの充実をめざしてゆきます。

（二〇二〇年一月）

岩波現代文庫［学術］

G440 私が進化生物学者になった理由
長谷川眞理子

ドリトル先生の大好きな少女がいかにして進化生物学者になったのか。通説の誤りに気づき、独自の道を切り拓いた人生の歩みを語る。巻末に参考文献一覧付き。

G441 愛について ―アイデンティティと欲望の政治学―
竹村和子

物語を攪乱し、語りえぬものに声を与える。精緻な理論でフェミニズム批評をリードしつづけた著者の代表作、待望の文庫化。〈解説〉新田啓子

G442 宝塚 ―変容を続ける「日本モダニズム」―
川崎賢子

百年の歴史を誇る宝塚歌劇団。その魅力を掘り下げ、宝塚の新世紀を展望する。底本を大幅に増補・改訂した宝塚論の決定版。

G443 新版 ナショナリズムの狭間から ―「慰安婦」問題とフェミニズムの課題―
山下英愛

性差別的な社会構造における女性人権問題として、現代の性暴力被害につづく側面を持つ「慰安婦」問題理解の手がかりとなる一冊。

G444 夢・神話・物語と日本人 ―エラノス会議講演録―
河合隼雄　河合俊雄訳

河合隼雄が、日本人の夢・神話・物語などをもとに日本人の心性を解き明かした講演の記録。著者の代表作に結実する思想のエッセンスが凝縮した一冊。〈解説〉河合俊雄

2023.6

岩波現代文庫［学術］

G445-446 ねじ曲げられた桜（上・下）
―美意識と軍国主義―

大貫恵美子

桜の意味の変遷と学徒特攻隊員の日記分析を通して、日本国家と国民の間に起きた「相互誤認」を証明する。〈解説〉佐藤卓己

G447 正義への責任

アイリス・マリオン・ヤング
岡野八代
池田直子 訳

自助努力が強要される政治の下で、人びとが正義を求めてつながり合う可能性を問う。ヌスバウムによる序文も収録。〈解説〉土屋和代

G448-449 ヨーロッパ覇権以前（上・下）
―もうひとつの世界システム―

J・L・アブー=ルゴド
佐藤次高ほか訳

近代成立のはるか前、ユーラシア世界は既に一つのシステムをつくりあげていた。豊かな筆致で描き出されるグローバル・ヒストリー。

G450 政治思想史と理論のあいだ
―「他者」をめぐる対話―

小野紀明

政治思想史と政治的規範理論、融合し相克する二者を「他者」を軸に架橋させ、理論の全体像に迫る、政治哲学の画期的な解説書。

G451 平等と効率の福祉革命
―新しい女性の役割―

G・エスピン=アンデルセン
大沢真理監訳

キャリアを追求する女性と、性別分業に留まる女性との間で広がる格差。福祉国家論の第一人者による、二極化の転換に向けた提言。

2023.6

岩波現代文庫[学術]

G452 草の根のファシズム
——日本民衆の戦争体験——

吉見義明

戦争を引き起こしたファシズムは民衆が支えていた。従来の戦争観を大きく転換させた名著、待望の文庫化。〈解説〉加藤陽子

G453 日本仏教の社会倫理
——正法を生きる——

島薗 進

日本仏教に本来豊かに備わっていた、サッダルマ(正法)を世に現す生き方の系譜を再発見し、新しい日本仏教史像を提示する。

G454 万民の法

ジョン・ロールズ
中山竜一訳

「公正としての正義」の構想を世界に広げ、平和と正義に満ちた国際社会はいかにして実現可能かを追究したロールズ最晩年の主著。

G455 原子・原子核・原子力
——わたしが講義で伝えたかったこと——

山本義隆

原子・原子核について基礎から学び、原子力への理解を深めるための物理入門。予備校での講演に基づきやさしく解説。

G456 ヴァイマル憲法とヒトラー
——戦後民主主義からファシズムへ——

池田浩士

史上最も「民主的」なヴァイマル憲法下で、ヒトラーが合法的に政権を獲得し得たのはなぜなのか。書き下ろしの「後章」を付す。

2023. 6

岩波現代文庫［学術］

G457 現代(いま)を生きる日本史
須田努 清水克行

縄文時代から現代までを、ユニークな題材と最新研究を踏まえた平明な叙述で鮮やかに描く。大学の教養科目の講義から生まれた斬新な日本通史。

G458 小国
——歴史にみる理念と現実——
百瀬宏

大国中心の権力政治を、小国はどのように生き抜いてきたのか。近代以降の小国の実態と変容を辿った出色の国際関係史。

G459 〈共生〉から考える
——倫理学集中講義——
川本隆史

「共生」という言葉に込められたモチーフを現代社会の様々な問題群から考える。やわらかな語り口の講義形式で、倫理学の教科書としても最適。「精選ブックガイド」を付す。

G460 〈個〉の誕生
——キリスト教教理をつくった人びと——
坂口ふみ

「かけがえのなさ」を指し示す新たな存在論が古代末から中世初期の東地中海世界の激動のうちで形成された次第を、哲学・宗教・歴史を横断して描き出す。〈解説＝山本芳久〉

G461 満蒙開拓団
——国策の虜囚——
加藤聖文

満洲事変を契機とする農業移民は、陸軍主導の強力な国策となり、今なお続く悲劇をもたらした。計画から終局までを辿る初の通史。

2023.6

岩波現代文庫[学術]

G462 排除の現象学　赤坂憲雄

いじめ、ホームレス殺害、宗教集団への批判――八十年代の事件の数々から、異人が見出され生贄とされる、共同体の暴力を読み解く。時を超えて現代社会に切実に響く、傑作評論。

G463 越境する民　近代大阪の朝鮮人史　杉原達

暮らしの中で朝鮮人と出会った日本人の外国人認識はどのように形成されたのか。その後の研究に大きな影響を与えた「地域からの世界史」。

G464 越境を生きる　ベネディクト・アンダーソン回想録　加藤剛訳

ベネディクト・アンダーソン『想像の共同体』の著者が、自身の研究と人生を振り返り、学問的・文化的枠組にとらわれず自由に生き、学ぶことの大切さを説く。

G465 我々はどのような生き物なのか　―言語と政治をめぐる二講演―　ノーム・チョムスキー　福井直樹／辻子美保子編訳

政治活動家チョムスキーの土台に科学者としての人間観があることを初めて明確に示した二〇一四年来日時の講演とインタビュー。

G466 ヴァーチャル日本語　役割語の謎　金水敏

現実には存在しなくても、いかにもそれらしく感じる言葉づかい「役割語」。誰がいつ作ったのか。なぜみんなが知っているのか。何のためにあるのか。〈解説〉田中ゆかり

2023.6

岩波現代文庫［学術］

G467
コレモ日本語アルカ？
——異人のことばが生まれるとき——

金水 敏

ピジンとして生まれた〈アルヨことば〉は役割語となり、それがまとう中国人イメージを変容させつつ生き延びてきた。〈解説〉内田慶市

G468
東北学／忘れられた東北

赤坂憲雄

驚きと喜びに満ちた野辺歩きから、「いくつもの東北」が姿を現し、日本文化像の転換を迫る。「東北学」という方法のマニフェストともなった著作の、増補決定版。

2023. 6